国家出版基金项目

彩图青少版

中国科技通史

医学、算学、博物学

江晓原 主编

CAITU QINGSHAOBAN
ZHONGGUO KEJI TONGSHI
YIXUE SUANXUE BOWUXUE

接力出版社
Publishing House

图书在版编目（CIP）数据

彩图青少版中国科技通史. 医学、算学、博物学 / 江晓原主编. —南宁：接力出版社，2019.12
ISBN 978-7-5448-6242-4

Ⅰ.①彩…　Ⅱ.①江…　Ⅲ.①科学技术-技术史-中国-青少年读物
Ⅳ.①N092-49

中国版本图书馆CIP数据核字（2019）第177242号

责任编辑：陈　邕　　美术编辑：许继云
责任校对：杨少坤　　责任监印：刘　冬
社长：黄　俭　　总编辑：白　冰
出版发行：接力出版社　　社址：广西南宁市园湖南路9号　　邮编：530022
电话：010-65546561（发行部）　　传真：010-65545210（发行部）
http: //www.jielibj.com　　E-mail: jieli@jielibook.com
经销：新华书店　　印制：北京尚唐印刷包装有限公司
开本：710毫米×1000毫米　1/16　　印张：8　　字数：120千字
版次：2019年12月第1版　　印次：2021年4月第2次印刷
印数：12 001—15 000册　　定价：39.80元
本书中的所有图片由朝阳春秋图像设计有限公司提供

目录

第一章　医者天下：中国古代医学

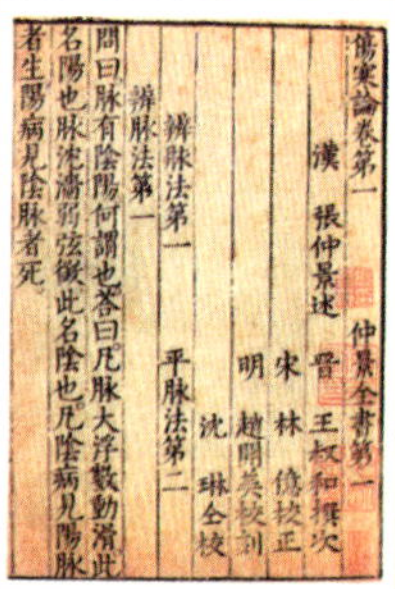
傷寒論卷第一　仲景全書第一
漢　張仲景述　晉　王叔和撰次
宋　林　億校正
明　趙開美校刻
沈　琳仝校
辨脉法第一　平脉法第二
辨脉法第一
問曰脉有陰陽何謂也答曰凡脉大浮數動滑此
名陽也脉沈濇弱弦微此名陰也凡陰病見陽脉
者生陽病見陰脉者死

第二章 运筹帷幄：算法里面学问多

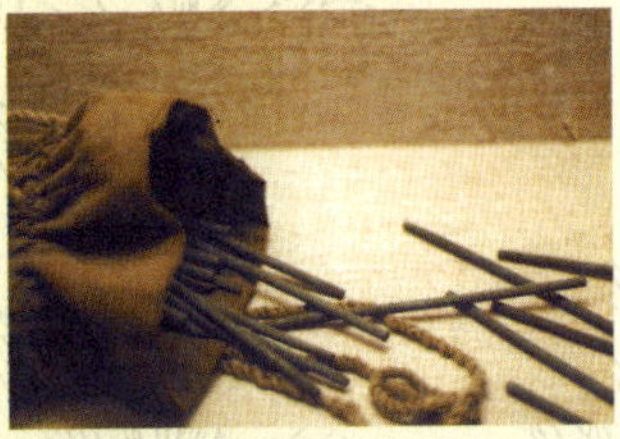

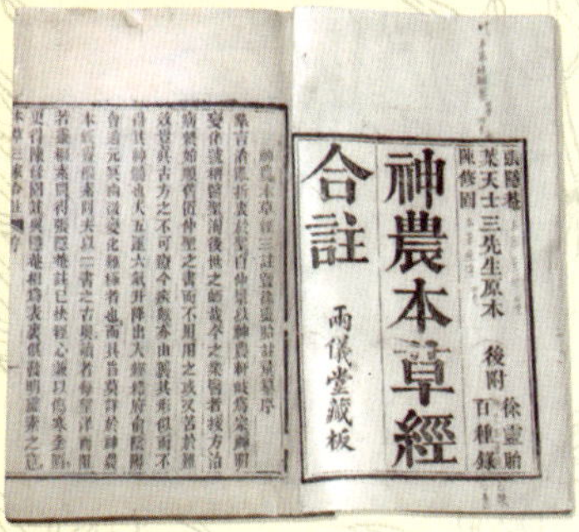
神農本草經
合註
兩儀堂藏板

神農本草經攷異
神農本草經
卷中
卷下
本草經序錄

第 一 章

医者天下：中国古代医学

中国古代医学是西方医学系统之外另一个独立的医学体系。在漫长的历史岁月里，中医已深深根植于中国人的心中。中国古代医学名家辈出，古典医籍数量之大，在同时期的世界范围内也不多见。当西方处于中世纪的时候，中国古代医学已经有了非常完备的医学体系。这样一脉相承、绵延数千年一直未曾中断的医药文化，在世界医学史上是罕见的。

在中国古代科学的各分支中，未被近现代科学所融汇，且至今仍有强大生命力的，唯有中医。

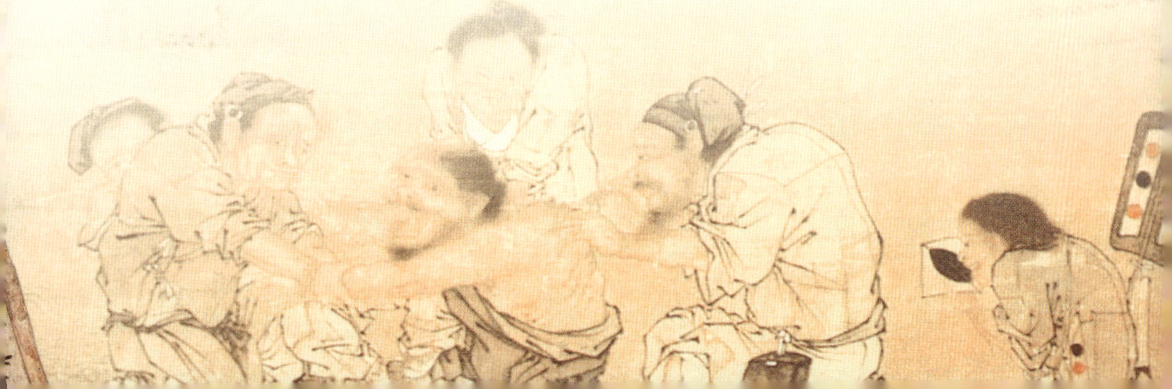

第一节

起源于巫术的中国早期医学

中国医学最早产生于巫医之中，到春秋战国时期，巫、医才逐渐分离。中医进而独立发展，后来逐渐形成系统的医学知识体系，出现了许多划时代的医学典籍。《黄帝内经》《黄帝八十一难经》《神农本草经》等传世之作就是其中的代表。长期以来，它们一直被看作早期“口传身授”时代之后，出自圣贤之手的经典，它们成书的年代有不同的考证结果，有人说成书于秦汉时期，也有人说成书于战国时期。

近年来，考古工作发掘出了许多简帛医籍与文物。把简帛医籍与传世经典进行研究与对比，对梳理中国古代医学发展脉络，以及确定传世经典的成书年代都有巨大的作用。

1. 出土的汉代简帛医籍与文物有什么新发现

考古发掘出的简帛医籍与文物，除了湖南长沙马王堆医书，还有甘肃武威的汉代医简、湖北江陵张家山的《脉书》《引书》与四川绵阳的“涪水经脉木人”等。

武威出土的汉代医简内容丰富，涵盖许多疾病的症状描述、命名、病因、病理的解释以及相应的治疗方法。

在汉代简帛医籍中，最令世人震惊的当属在长沙马王堆的轪侯家族墓地发现的西汉初期的医药文物，其中有 10 多种医学著作以及 3 类 9 种药物。马王堆医书的出土，对秦汉医学史的研究具有重要意义。

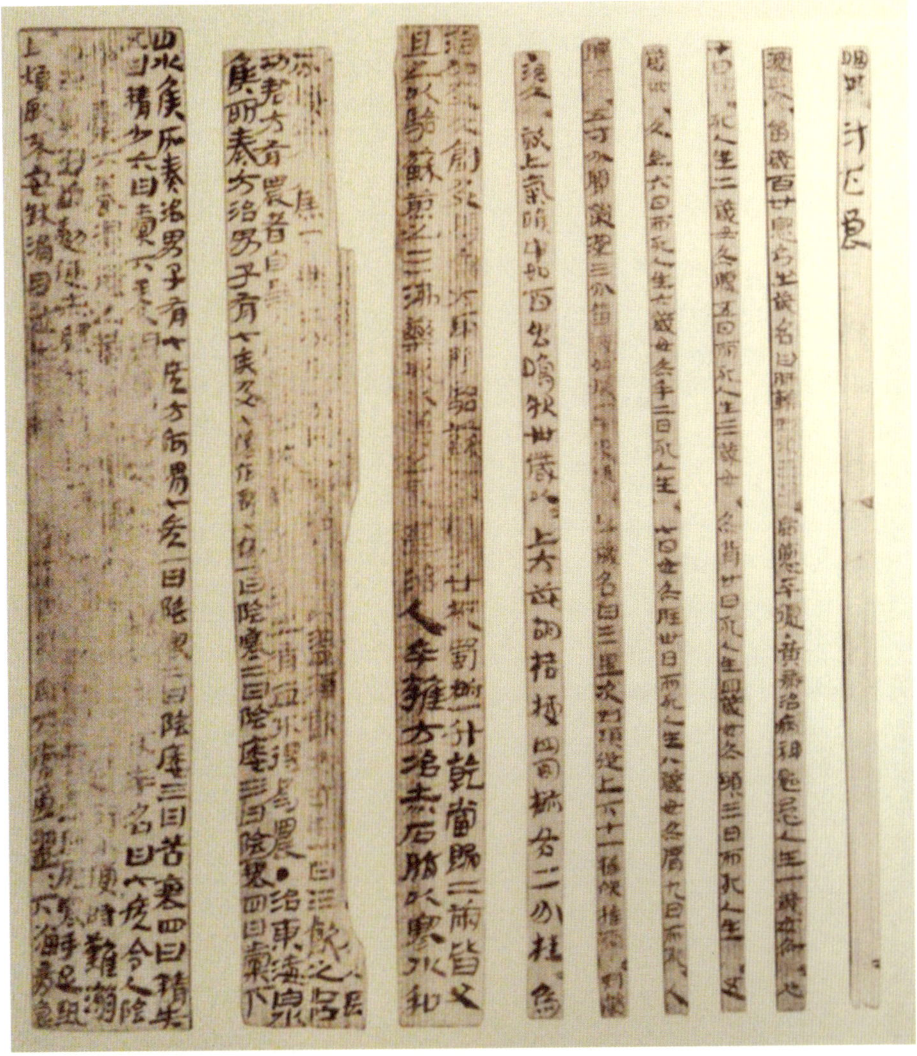

◆ 甘肃武威旱滩坡出土的汉代医简

首先，它填补了整个西汉时期的医学史料空白。在马王堆医书出土前，除了《史记·仓公传》中所记载的淳于意的人生经历与25则诊籍（即医案）外，整个西汉几乎没有其他直接的医学史料。

其次，马王堆出土的医书不仅数量众多，而且涉及医学领域的诸多方面，总体上涵盖了西汉末年刘向、刘歆父子整理古籍时所编目录《七略》

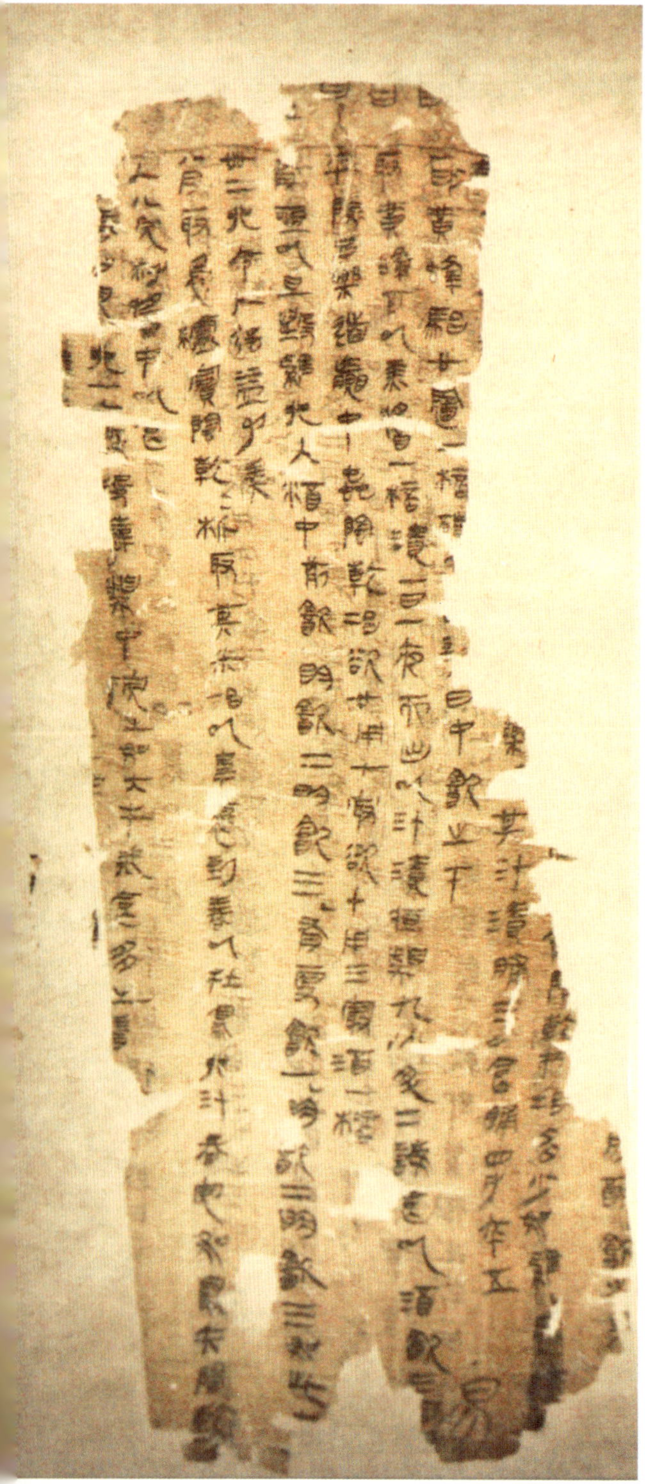

（中国第一部官修目录和第一部目录学著作）中的“方技略”的“医经、经方、房中、神仙”四大方面。这些为具体的中医研究提供了较为丰富的第一手资料。

最后，就具体内容来讲，马王堆医书对研究西汉前期传统医学从经验医学向理论医学的过渡、早期经脉学说体系的建立、灸法与针法的使用、药物治疗法的演变、养生学的发展等具有至关重要的价值，是非常宝贵的资料。

继马王堆汉墓医书出土后，在湖北江陵张家山汉墓又发现了《脉书》和《引书》两部医学著作，四川绵阳出土了一具同属西汉时期、通体刻有诸多“线条”的人体经脉木雕。

◆ 马王堆出土的帛书《养生方》

这些简帛医籍与文物，对重新梳理整个医药学的发展脉络具有重要意义。

例如经脉学说。马王堆出土医书中涉及经脉学说的著作有两种，一种按“先足脉，后手脉”的顺序，一种按“先阳脉，后阴脉”的顺序排列人体的 11 条经脉，因此被简帛整理小组分别定名为《足臂十一脉灸经》和《阴阳十一脉灸经》。

一般认为《阴阳十一脉灸经》晚于《足臂十一脉灸经》，从中我们可窥探到经脉著作发展的过程:“阴阳”的抽象概念已经取代了“足臂”这样的具体部位性描述，而且，《阴阳十一脉灸经》中仅指出总原则，不再限定具体治疗手段，标志着经脉学说渐渐向解释生理、指导

◆ 马王堆出土的《阴阳十一脉灸经》

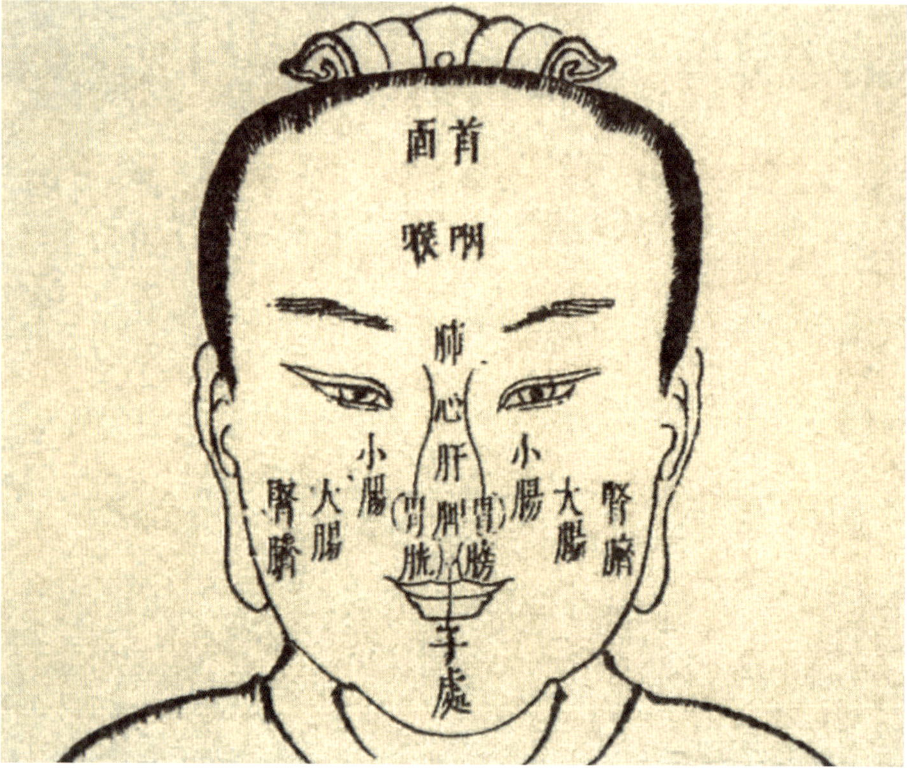

◆ 面部望诊分区图

治疗的总原则迈进。

而在绵阳出土的人体经脉木雕与马王堆医书存在极大的差距，显示出当时经脉学说并不是一元化的存在，而是多元共存的状态。

2. 西汉时期都有哪些医学经典

通过对简帛医籍内容的对比，人们发现马王堆汉墓与张家山汉墓出土的医书有许多相似之处，而且两座墓葬的年代相距不远，从侧面说明其中的简帛医籍记载的是当时社会上流行的医学知识，展现了西汉时期的医学发展水平。

◆ 西汉帛画导引图（复原图），这是最早的医疗保健操

再通过简帛医籍与传世经典的对比，人们发现，记录在竹简帛书上的医学知识水平明显低于传世的经典之作，而且其中某些著作的内容又与传世经典存在着密切关系，所以这些简帛医籍的成书和使用的时代，应在“口传身授”和“经典问世”之间。

由于这些简帛医籍基本上出土于两汉时期的墓葬中，因此基本否定了《黄帝内经》等几部重要医学典籍皆成书于先秦的说法。又由于《黄帝内经》的书名已在《七略》中存在，所以它的成书年代可能不会晚于西汉末年。

传世本《黄帝内经》包括《灵枢》与《素问》两部，或分或合，版本不一。考察马王堆出土的医书的体例内容，可知当时的《黄帝内经》18 卷的文字体量是非常有限的，约与 18 篇相等，只是《黄帝内经》现今版本的九分之一左右。

◆ 《黄帝内经》包括《灵枢》与《素问》两部，图为《素问》

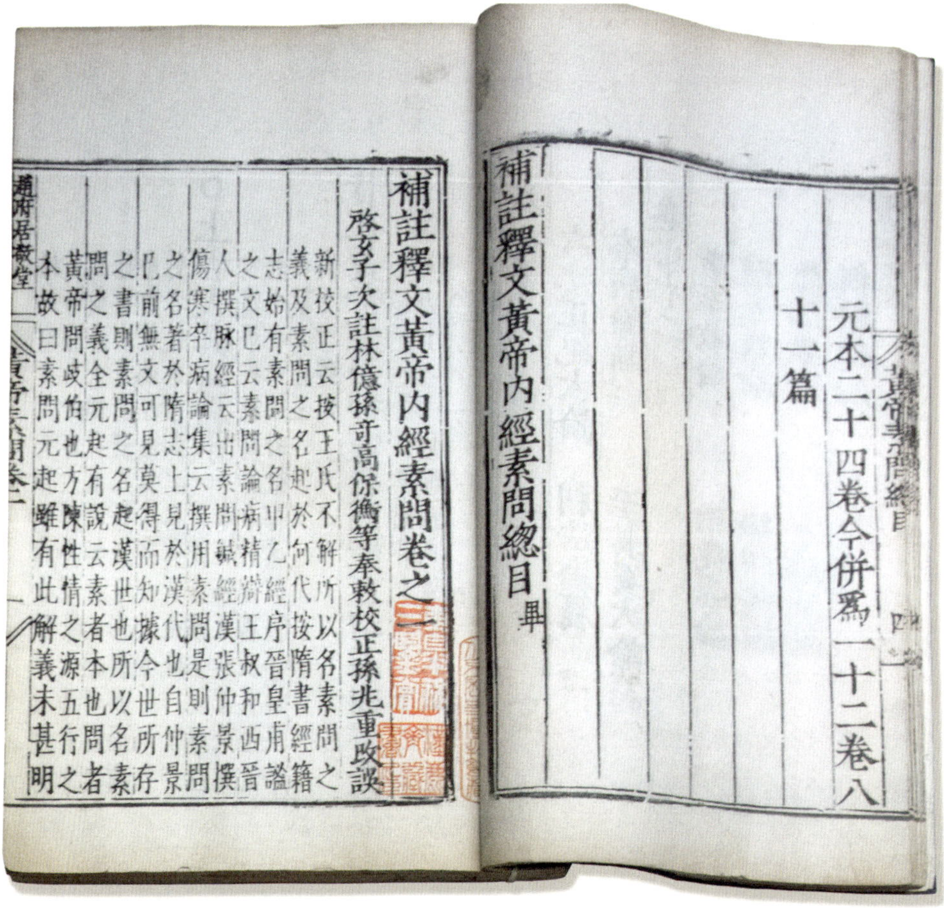

所以，《灵枢》与《素问》必定不是《汉书·艺文志》所著录的“《黄帝内经》十八卷”，而且其中有扁鹊脉学的内容，现今版本的《黄帝内经》极有可能是在博采《汉书·艺文志》所著录的各种医经基础上成书的。

《黄帝八十一难经》是以设问的方式编纂的，是对以《黄帝内经》为首的多种医学著作的解释，它的成书年代目前公认在东汉。《黄帝八十一难经》所设的 81 个问题，涉及脉学、经络、脏腑、疾病、穴位、针法六大方面，不设具体疾病的诊断与治疗方法，而是关注这些方面的总体认识与理论研究。虽然构建的理论框架更加完美，但是有些脱离经验知识。

这些著作之所以能够成为经典，根本原因是有“潜质”，但对这种潜质的发掘与认识，却与它何时成书没有直接关系。例如《难经》早有注本，但是直到北宋之后，地位才陡然上升，成为与《黄帝内经》齐名的经典。

中医经典很像古董，会随着时间而不断增值，但是增值的原因又都与“实用价值”无关。因此，如果认为中医是一门治疗疾病的学科，自然可以脱离经典的原始文字；而如果想要明其源流，知其所以，则必须研读经典。

第二节

从中医大家到医学流派

1. “医圣”张仲景与《伤寒杂病论》

张仲景，生于 150—154 年间，卒于 215—219 年间，是东汉末年著名的医学家。相传曾被举为孝廉，做过长沙太守，所以有“张长沙”之称。他博览群书，撰成《伤寒杂病论》（也称《伤寒论》）16 卷，书中将医经与医方熔于一炉。

《伤寒杂病论》发展并确立了中医辨证论治的基本法则，根据病邪入侵经络、脏腑的深浅程度、患者体质的强弱等情况，对疾病发生、发展过程中所出现的各种症状加以综合分析，寻找病情进展的规律，以便确定不同情况下

◆ 医圣张仲景

的治疗原则。

他还创造性地把外感病的所有症状归纳为六个症候群（即六个层次）和八个辨证纲领，以六经（太阳、少阳、阳明、太阴、少阴、厥阴）来分析归纳疾病在发展过程中的演变，以八纲（阴、阳、表、里、寒、热、虚、实）来辨别疾病的属性、病位、邪正消长和病态表现。由于确立了分析病情、辨识症候及临床治疗的法度，因此《伤寒杂病论》成为指导后世医家临床实践的基本准绳。

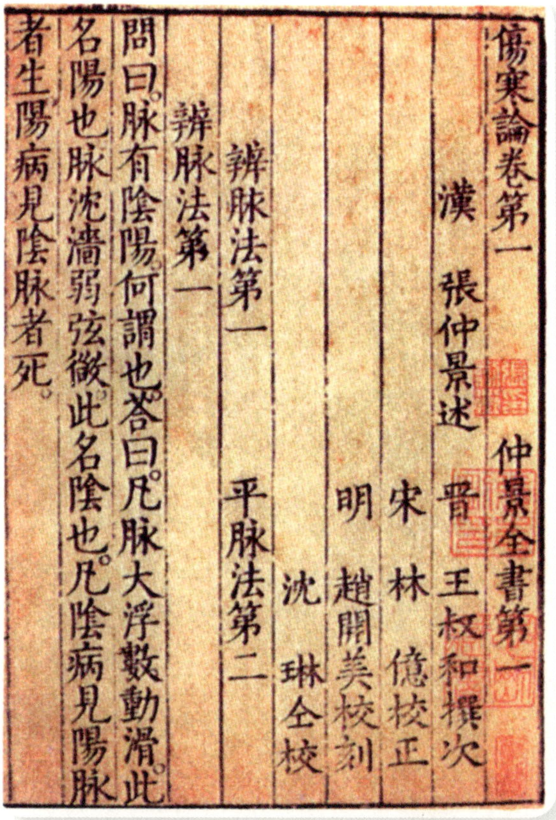
傷寒論卷第一　仲景全書第一

漢　張仲景述

晋　王叔和撰次

宋　林　億校正

明　趙開美校刻

沈　琳仝校

辨脉法第一　平脉法第二

辨脉法第一

問曰。脉有陰陽。何謂也。荅曰。凡脉大浮數動滑。此名陽也。脉沈濇弱弦微。此名陰也。凡陰病見陽脉者生。陽病見陰脉者死。

◆ 指导临床医疗的巨著《伤寒论》（明代万历刻本）

对于治则和方药，《伤寒杂病论》的贡献也十分突出。书中提出的治则以整体观念为指导，调整阴阳，扶正祛邪，还有汗、吐、下、和、温、清、消、补等方法，并在此基础上创立了一系列卓有成效的方剂。该书对于后世方剂学的发展有着深远影响，而且一直为后世医家所遵循，其中许多著名方剂在现代卫生保健中仍然发挥着巨大作用。

另外，《伤寒杂病论》在剂型（药物加工成成品后的类型，如煎剂、片剂、注射剂等）上也勇于创新，其剂型种类之多，大大超过了汉代以前的各种方书，有汤剂、丸剂、散剂、膏剂、酒剂、洗剂、浴剂、熏剂、滴

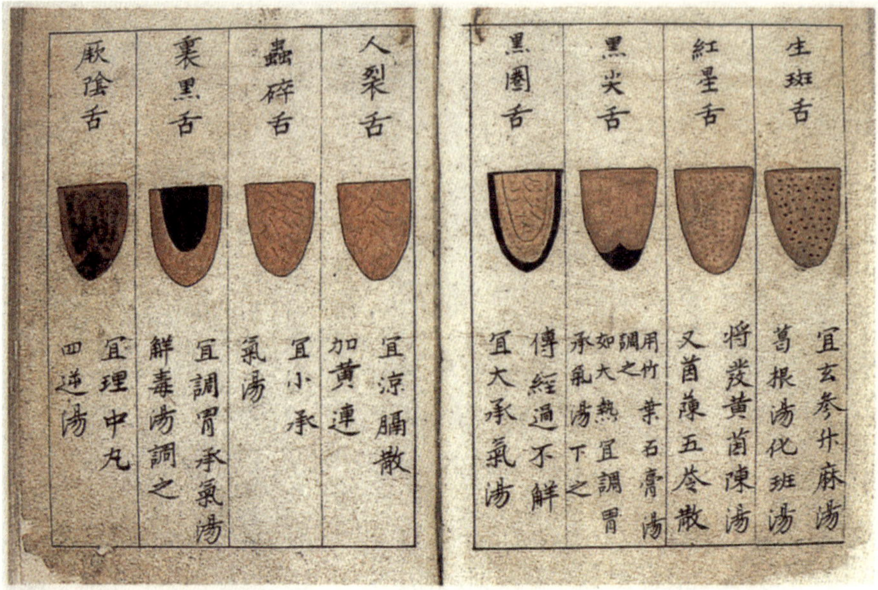

◆ 上图：中医在望舌、望目、望指纹等方面积累了丰富的经验，图为舌诊图

左图：汉代人体穴位陶俑，河南南阳张仲景博物馆藏

耳剂、灌鼻剂、吹鼻剂、灌肠剂、阴道栓剂、肛门栓剂等。此外，《伤寒杂病论》对各种剂型的制法记载详细，对汤剂的煎法、服法也交代得很细，所以后世称张仲景的《伤寒杂病论》为“方书之祖”，称该书所列方剂为“经方”。

《伤寒杂病论》奠定了张仲景在中医史上的重要地位，并且随着时间的推移，这部专著的科学价值显露得越来越明显，成为后世从医者人人必读的重要医籍。张仲景也因对医学的杰出贡献而被后人称为“医圣”。

2.“金元四大家”有哪些杰出成就

随着医学的发展，金朝和元朝时期出现了从“病因认识”到“临床治疗”很多方面各执一词、自成一家的四位医者——刘完素、张从正、李杲（读音 gǎo）和朱震亨，他们被后人誉为“金元四大家”。他们的学说不仅直接影响了各自的“入室弟子”，而且通过著作流传得到了后来一些医者的信奉，以至传播海外，在日本还形成了秉承“李（杲）朱（震亨）医学”的“后世派”。直到今天，他们的学说也经常作为理论依据和临床治疗方法，被中医从业者学习继承。

（1）刘完素和他的“火热论”

刘完素，字守真，自号通玄处士，因长年居于河间，因此世称“河间先生”或“刘河间”。在治学方面，刘完素鄙视那些仰仗家传世医之名、不求进取的墨守之辈，认为学医必须从根本入手，深究理论源流，不可做那种熟读几百个药方的“汤头大夫”。

刘完素的学说核心是“火热论”，认为“六气皆从火化”，意思是“风、寒、暑、湿、燥、火”六气都可以化生火热病邪。治病，尤其是治疗热性病的时候必须先明此理，才能处方用药。他在《素问玄机原病式》中将《素问·至真要大论》的“病机十九条”所概括的30余种病症扩充到90多种，其中又以属火、属热的病症发挥最多。

运气学说是宋朝理学昌盛之时，社会思潮在医学领域的一种表现形式。刘完素生于宋金时期，自然对运气学说产生了极大的兴趣，但在长期的医疗实践中，刘完素认识到运气学说存在着许多牵强附会、不切实际的内容，因此对运气学说做了许多名同而实异的新解释，不再根据天干、地支推算当年运气如何，而是取决于临床表现和疾病属性。

◆ 金代名医刘完素认为许多病都脱离不了火热

（2）张从正和他的“攻邪论”

张从正，字子和，号戴人，金代睢州考城人。张从正的医学思想最为突出的特点是强调“攻邪”。他认为疾病是由邪气留在人体所造成的，因此治疗方法应该以祛除病邪为首务。在具体治疗上，他强调使用汗、下、吐三法。

汗法：这种方法首先在于解表，能够治疗外感病。风寒束表用辛温，风热在表用辛凉。而张从正汗法的范围更广，他将针刺、灸、蒸、熏、渫、洗、砭射、按摩、导引等都归入汗法，因此他的汗法的概念已极度抽象化，不能就字面进行解释。

下法：中医学“治则八法”中的下法，如果运用得当，确有出奇制胜、起死回生的功效。如脑血管疾病，用攻下之法可缓解症状。但是因一般人惧怕攻法，很多医生也未掌握其中的奥妙，所以才没有被广泛使用。张从正反复强调下法的运用，目的就是推广这种疗法。

吐法：张从正提出吐法，与临床上应用最为普遍的汗、下之法相提并论，实为千古绝唱，独此一家，而且从他的医案来看，吐法的应用是极为广泛的。

张从正将自己的这些认识总结为《汗下吐三法该尽治病诠》，这篇文章是其学术思想的精华，至今仍被列在中医院校的教材里。

张从正在理论阐述方面可能“归一”，但在临床治疗中却从不“单打一”。他的治病方法极为灵活多样，创有“玲珑灶蒸法”等。另外，他还擅长用精神疗法。

（3）李杲和他的“脾胃论”

李杲，字明之，真定（今河北正定）人。因真定古名东垣，因此自号“东垣老人”。李杲家境富裕，初学儒术，后来母亲生病时他尽力侍奉，不过终究因为不懂医术，虽然用重金请医生诊治，但是由于请来的医生们各执己见，议论纷纷，到他母亲去世仍然不知道所患的是什么病症。李杲深以为恨，自此立志学医。

李杲与刘完素、张从正同为金代名医，学习的都是《黄帝内经》，但医学理论却相去甚远，这就必须考虑李杲所处的历史背景。李杲生于金朝灭亡之时，烽烟四起，经历了“壬辰之乱”，当时京城发生了吃人现象，凡是皮制器物都被煮食，所以李杲认为疾病主要是城困民饥，脾胃受伤所致。正是在这样的历史背景下，李杲才结合自己的实践经验著《内外伤辨惑论》，以明确外感和内伤的不同；又作《脾胃论》，进一步阐述内伤脾胃

◆ 金代名医李杲

的具体治则和方药。

（4）朱震亨和他的“养阴论”

朱震亨，字彦修，世居丹溪，所以学者多尊称朱震亨为“丹溪翁”或“丹溪先生”。朱震亨医学思想的核心理论是“阳常有余，阴常不足”。他认为人的生命跟天地有关，天的阳气影响人的气，地的阴气影响人的血，因为太阳比月亮更明亮，所以人的身体受此影响，阳气有余而阴气不足。

◆ 朱震亨像，杭州胡庆余堂中药博物馆陈列

朱震亨的养阴理论对于年老体弱之人来说尤为适宜，因此他专有“养老”之论，认为人到了暮年，精血俱耗，平居无事，已有热症，头昏目眩、肌痒尿数、鼻涕牙落、足弱耳聩等都是由于“血少”，要治疗这种病症，就需要养阴。

朱震亨在“金元四大家”中出现最晚，对刘、张、李三家之说兼收并蓄。他的“阳常有余，阴常不足”在理论上与刘完素有相同之处，但在治则上却完全不同。刘完素通过削阳以求得平衡，朱震亨则通过补阴来达到平衡。

朱震亨的学术思想在元末明初的医学界占有极其重要的地位，影响很大。

3. 古代医学流派是怎么产生的

医学的发展还形成了派别之分，主要有以遵奉东汉医家张仲景的《伤寒杂病论》为共同学术主张的“伤寒学派”，以及原本并无经典可言的“温病学派”。

中医所说的“伤寒”，不同于现代医学病名中由伤寒沙门杆菌引起的伤寒，就它的产生及最原始的含义而言，应该是建立在人体受凉后会有种种不适的直接经验之上的。东汉后期张仲景的《伤寒杂病论》定义了伤寒、温病，后来这部著作经北宋校正医书局刊刻，才在民间广泛流传。此后，治“伤寒”的学者摩肩接踵，渐渐显出了“伤寒学派”的势头。

“温病”之名，首见于《素问》。《素问》中所言“温病”的症状与《伤寒论》相较，实在看不出有什么本质区别。

金元时期的刘完素虽被后世视为温病发展史上具有重要地位的著名医学家，但由于他处处以张仲景为标榜，未敢标新立异，而且在理论与治则上只不过强调见到热证就要用凉药而已，因此可以说，金元时期还没有自立门户的温病学。

然而到了明代，情况却大不相同了。明代有一位医学家吴有性，字又可，汉族，吴县（今江苏苏州吴中区）东山人。吴有性是一名传染病学家，著有《瘟疫论》一书，他认为瘟疫与伤寒虽然有相似之处，但病因、病机、治法却迥然不同。《瘟疫论》为中国古代医学提供了传统外感热病的理论框架，自此以后，温病学逐渐形成一个独立的学派。

“伤寒学派”与“温病学派”也是“应运而生”。在东汉后期至三国、明代后期至清代两个疫病流行的高峰期，气候条件均处于相对寒冷的低温期，疫病多发，因此所谓“伤寒”与“温病”两个学说体系的形成，无疑受内部因素与动力的影响，还受社会环境所形成的外部因素与动力的影响。

知识拓展

中医诊断病情靠的是什么

“四诊”“八纲”和“八法”是中医诊治疾病的“辨证论治”原则。“四诊”是指“望诊、闻诊、问诊、切脉”，简称“望、闻、问、切”。

◆ 医生为病人切脉

中医用四诊来判断病情。

“望、闻、问、切”在诊断上至关重要，而切脉更是诊断疾病的关键所在。望诊只能了解病人的一些外在表现，闻诊只能了解病人声音以及气味的异常，问诊则只能了解病人发病的过程，切脉却能窥探疾病的阴阳属性，病人的寒热体质、虚实真假、病变部位等。一位合格的中医，必须懂得切脉。

“八纲”又称“八纲辨证”，是指“四诊”之后医生辨别疾病的“阴、阳、表、里、寒、热、虚、实”之“证”所在。

“八纲”当中，“表、里”两纲是病变的部位，“寒、热”是病变的性质，“虚、实”是反映病变的邪正盛衰，“阴、阳”两纲则是八纲的总纲。

运用八纲辨证，确定病变部位，了解寒热性质，掌握邪正盛衰，求得病人的阴阳平衡是中医治病的最终目的。

八纲辨证是每位中医必须掌握的根本原则，八纲辨证掌握不好，施治就失去方向，治疗原则就无法确定。

医生经过“四诊”“八纲”将患者的病情诊断准确之后，便要根据“八法”理论论治了。

“八法”又称“治疗八法”，即汗法、吐法、下法、和法、温法、清法、消法、补法，是依据辨别疾病的“阴、阳、表、里、寒、热、虚、实”的病症性质和在身体所处部位之后所应选用的八大治疗法则。

“八法”各有所长，各有其应用范围，要根据不同的病情采取不同的方法。用药方法有一方治病，也可多方治病，即复方治病。

第三节

中国博大精深的药物知识

医学的发展离不开药物。中国传统医学使用的药物，包括动物、植物和矿物，三者之中，植物所占的比例最大，所以古代的药物学著作多以“本草”为名，“本草之学”即中国传统的药物学。

1. 汉代《神农本草经》

《神农本草经》一直被誉为中国历史上第一部系统总结药物学知识的集大成之作。它成书的年代，有人认为在先秦，有人认为在两汉。根据书

◆ 《神农本草经》的问世是中药学形成的主要标志

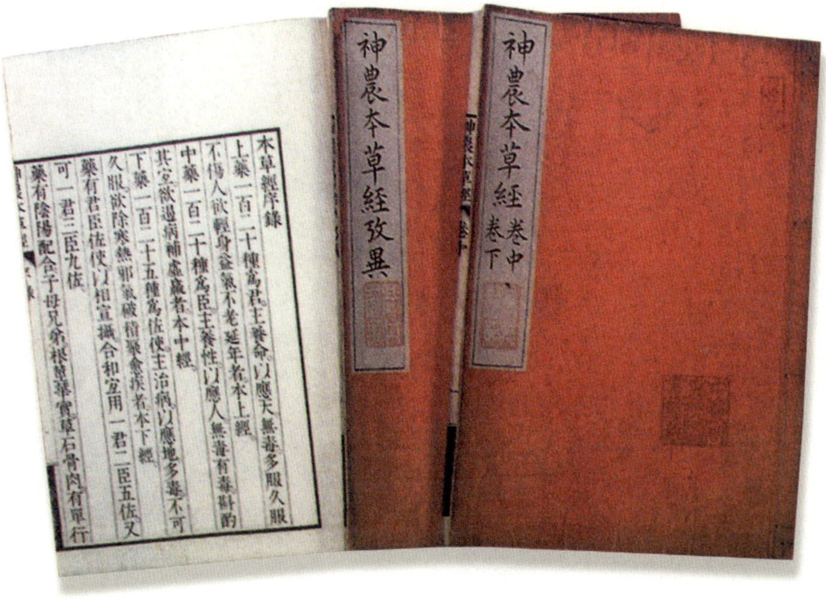

中多见东汉地名，以及药物学形成的时间坐标，可以推断它应该在东汉前期成书。虽然该书常被称为“现存最早的本草学著作”，但实际上现今所见都是迟至明清时期辑录散佚的版本。而后人之所以要将它编辑和复刻，除了史学研究需要外，其余纯属是出于尊经复古的心态。

根据后世本草著作中保存的文字可知，《神农本草经》载药 365 种，编排方式按“上品、中品、下品”分为 3 类，上品药多用久服可以健康长寿，中、下两品药物的治病功能与毒性渐增，不宜多用久服。每一种药物的描述，一般包含药名、性味、主治、产地、别名 5 项。

◆ 右图：神农氏尝百草

下图：《神农本草经》书影，该书中记载药物 365 种，其中植物药 252 种，动物药 67 种，矿物药 46 种

2. 南北朝《本草集注》

本草之学形成后，发展极为迅速。当正史中第二次出现典籍目录时，不仅出现了各种各样的本草学著作，而且数量可观。在这些著作中，内容保存得比较完整的是陶弘景［字通明，南朝齐、梁时期的道教思想家、医学家、炼丹家、文学家，自号华阳隐居，丹阳秣陵（今江苏南京）人，卒谥贞白先生］根据《神农本草经》整理而成的《本草集注》（或称《本草经集注》）。这部载药 730 多种的本草著作，被视为继《神农本草经》后具

◆ 敦煌出土的《本草集注》书影

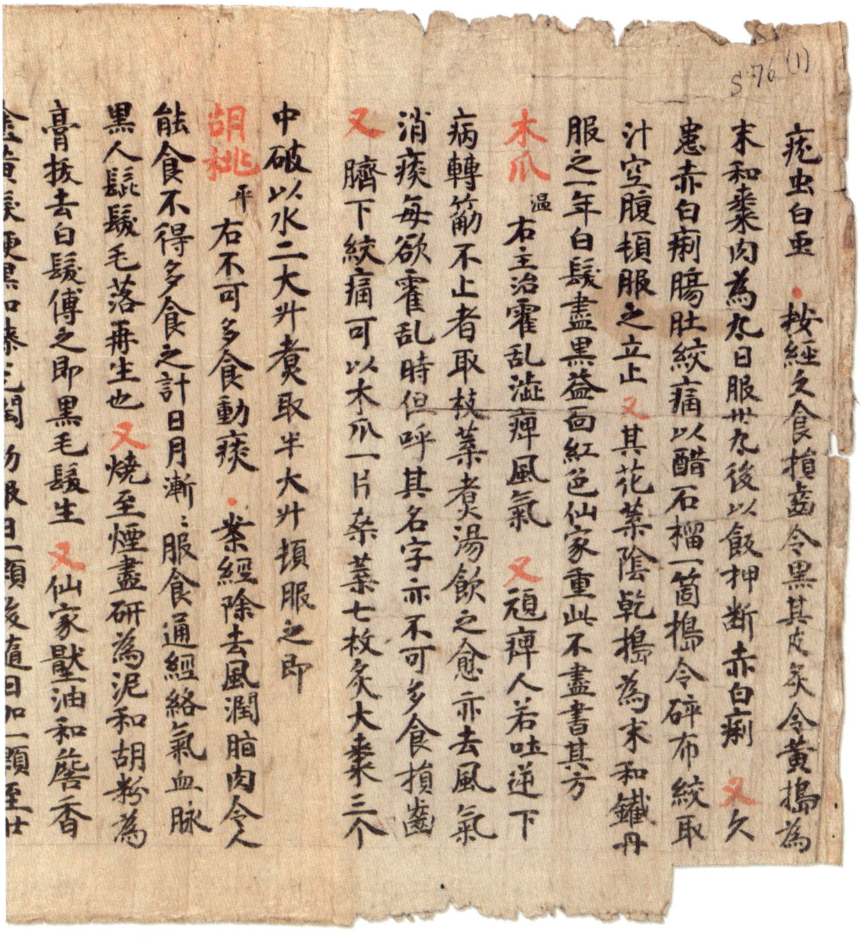
疣虫白㼚 ·按經久食損齒令黑 其皮炙令黃擣為
末和棗肉為丸日服廿丸後以飯押 斷赤白痢 又久
患赤白痢腸肚絞痛以醋石榴一箇擣令碎布絞取
汁空腹頓服之立止 又其花葉陰乾擣為末和鐵丹
服之一年白髮盡黑益面紅色仙家重此不盡書其方
木瓜 温 右主治霍亂澁痺風氣 又[illegible]痺人若吐逆下
病轉筋不止者取枝葉煑湯飲之愈 亦去風氣
消痰每欲霍乱時但呼其名字 亦不可多食損齒
又臍下絞痛可以木瓜一片桑葉七枚炙大棗三个
中破以水二大升煑取半大升頓服之即
胡桃 平 右不可多食動痰 ·案經除去風潤脂肉令人
能食不得多食之計日月漸漸服食通經絡氣血脉
黑人髭鬚毛落再生也 又燒至煙盡研為泥和胡粉為
膏拔去白鬚傅之即黑毛鬚生 又仙家壓油和詹香

有划时代意义的药物学著作。

《本草集注》以红色笔迹书写《神农本草经》的内容，使得《神农本草经》这部经典得以保存，同时参考历代医家的注释与用药心得，用黑色文字对《神农本草经》原有药物进行了许多补充说明，并增加了同等数量的新药。它还改变了具有较强神仙方术色彩的“三品”分类，采用医家惯用且较能体现药物自然属性或来源的分类法。

后世的重要本草著作，在上述三方面基本都是沿袭这个体系并进一步发展的，并因采用不同的字体或标识方法，从而使得《神农本草经》以及《本草经集注》之类的早期经典药物著作传承至今，使今人仍能了解它们的基本内容。

3. 唐代官修《新修本草》

陶弘景的《本草经集注》中时常提到因南北分裂而对北方药物及用药经验不甚了解的问题，而国土统一与文化发达的盛唐之世，则为全面总结药物知识提供了必要的条件。唐显庆二年（657年），苏敬等官

◆ 唐代金铫，陕西何家村出土，内底有三行墨书题记：“旧泾用，十七两，暖药。”说明金铫的使用者是“泾”；金铫的重量为17两，约850克；金铫是用来温药或煎药的

员谏言朝廷重修本草，以改变当时药物名实混淆、记述不全的状况。经朝廷批准后，苏敬等 20 余人组成编纂班子，开创了集体编修药典的先河。

这部官修著作《新修本草》由三部分组成：正文 20 卷，目录 1 卷；药图 25 卷，目录 1 卷；图经 7 卷。现存的《新修本草》只有三部分中的正文部分，内容在《本草经集注》的基础上加以扩充，增加 114 种新药，所载药物总数达到 850 种。

在编修过程中，朝廷征集天下郡县所出的药物，并著以经文图录。据现存资料统计，共有 13 道 133 州的药物汇编入书中。这次大规模的药物普查汇总，可以说是中国科技史上的一次创举。

作为药物史上新一代的里程碑之作，后世多以《唐本草》为名以显示其时代特征；又因此书为官修药物学著作，所以今人经常褒称它为“中国历史上的第一部官修药典”。

唐代本草的另一个特点，是在当时与海外交流频繁的背景下，出现了许多域外药物。8 世纪中期，郑虔撰有《胡本草》7 卷，虽已失传，不复存在，但顾名思义，可知它是反映域外及少数民族用药知识的专著；而《新修本草》开始出现印度医学经典《阇罗迦本集》与《妙闻集》中的药物，可以反映出唐代中印文化交流的繁盛，与《新修本草》中新增药物的来源。

4. 宋代官修本草及《证类本草》

到两宋时期，本草学著作多达 80 余种，记载的药物总数达到 1883 种，比唐代的《新修本草》增加了 1000 多种，其中保存的药物图形基本都是写生之作。

宋代的药物学能够取得如此成就，是由多方面因素决定的。其中，朝廷重视与印刷业的发达，是两个非常重要的方面。北宋政权建立后不久，宋太祖即下令寻访“医术优长者”，并规定凡献书200卷以上者皆有奖励，又多次由朝廷组织人力编撰新的本草著作，所以宋代许多大型本草著作多出自集体之手，由朝廷或地方官府刊刻，形成了北宋时期本草学发展的主流。

同时，造船技术的进步以及指南针在航海中的运用等因素，促进了对外贸易与科技文化的交流。印度、越南、朝鲜、日本及阿拉伯诸国均与宋朝通商，宋朝进口了许多药材，在原有基础上进一步丰富了药物品种与用药知识。

以医疗救助为重要表现形式的慈善之举、仁政之施，与临床治疗技术的进步相互促进，使得治疗活动变得更加普遍，对于药物的需求自然也不断增大，因此当时已开始将药用植物作为一类重要的经济作物进行栽培，并出现了较大规模的制药工厂。

◆ 针灸铜人是宋代医学教学模型

这些因素均决定了本草学在当时必有长足的进步，方能适应客观的需要。

就上述出自集体之手的官修本草而言，首推宋朝政权建立13年后的开宝六年（973年），由朝廷诏命儒臣与医官联袂校订编修的《开宝新详定本草》，简称《开宝本草》。《开宝本草》载药983种，较唐《新修本草》增加了133种。书成之后，由宋太祖亲自作序，国子监镂版刊行，成为中国第一部印刷的本草著作，次年再次修订后称《开宝重定本草》。

伴随着从抄写到印刷的转变，编修者用雕版的阴（黑底白字）阳（白底黑字）文之别，取代过去朱墨两色分书，对新增内容均注明出处，以便读者能够清晰地了解每句文字的来源，同时也体现了本草著作从抄写到版刻的历史性转折。

到了宋仁宗嘉祐二年（1057 年），集贤院成立了校正医书局。书局的第一项任务便是奉诏修订本草，这是由于在短短几十年后，因药物学的继续发展，曾被认为完美无缺的钦定本草显得过时了。于是，朝廷命掌禹锡、苏颂、林亿等医官儒臣再行修订，花费 4 年时间，编成《嘉祐补注神农本草》21 卷，增加新药 99 种，合计 1082 种。

在此期间，嘉祐三年（1058 年），校正医书局借鉴唐代向全国征集药物的成功经验，奏请朝廷下诏征集药物并绘制图形。这些资料送至京城后，由苏颂等人编辑、整理，形成《图经本草》21 卷，于 1061 年与《嘉祐补注神农本草》同时刊行，是中国已知的第一部版刻药物图谱。

有意思的是，集全国之力完成的这两本医书，固然代表了宋代本草的主流与最高水平，但在它们问世 20 多年后，人杰地灵的四川却先后出现了两部不容小觑的个人本草著作。它们的共同特点是将这两本书合二为一，再行补充发挥。一部是陈承在宋哲宗元祐年间（1086—1093）著成的《重广补注神农本草并图经》23 卷，此书已失传；另一部则是影响很大的《经史证类备急本草》，简称《证类本草》。

《证类本草》的作者是长年在四川成都行医、自称是华阳人的名医唐慎微。他为人朴实，医道高明，治病谨慎。据他的朋友宇文虚中讲，唐慎微貌丑而内秀，治病百不失一；对待病人不分高低贵贱，有召必往，从不避风雪寒暑。他为读书人治病不收诊费，只要求读书人提供名方秘录，因此读书人都非常喜欢他。

《证类本草》包括目录一卷在内，共计 32 卷，60 余万字，收录药物

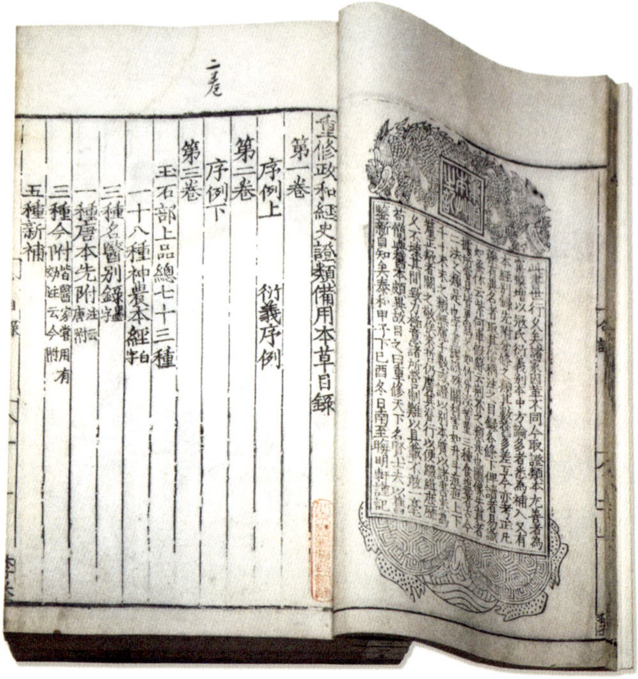

◆ 北宋唐慎微著《经史证类备急本草》，书中记录的药物有 1748 种

1748 种；参阅经史传说、佛书道藏、诸家本草等逾 500 种。其中，补入史有今无的药物 554 种；同时辑录了宋以前的主要本草药物理论、应用原则等各方面的精华之论。因此，明代李时珍评价说："使诸家本草及各药单方，垂之千古不致沦没者，皆其功也。"

由于《证类本草》积极总结了前人的经验并有发展，因此它虽然是个人作品，却屡次经过朝廷整理、刊刻，成为私著官修的本草书。

5. 明代李时珍的《本草纲目》

到明代时，医药学家李时珍竭尽毕生心血完成的《本草纲目》，是公众最熟知的医学著作。

博采众家之长，力求全面无遗，引经据典，厘定前人谬误，这是中国古代编修药物学著作的一贯宗旨。李时珍也不例外，他从嘉靖三十一年（1552 年）开始重修本草。

◆ 北京自然博物馆悬挂的李时珍像

值得称赞的一点是，他十分注重书本与实践两方面的知识，因此在编修本草著作的过程中不耻下问，虚心向农民、猎户、樵夫、渔家、工匠、药农和铃医（民间走方郎中）等一切具有实践经验的人学习请教，这就决定了编修的过程不可能全都是在书斋中进行。他多次赴山野乡村走访考察，足迹遍及湖北、江西、安徽、江苏、河北、河南等地。

除了实地考察药用植物、解剖药用动物、采挖药用矿物外，李时珍还通过大量的实际观察分析药理，乃至通过亲身服药以验证某种药物的效用。如此这般，经过数十年的不懈努力，在许多人的热情帮助下，李时珍积累了大量的资料，又经过反复修订自己的稿本，终于在万历六年（1578年）的花甲之岁完成了一部内容浩瀚的本草学巨著——《本草纲目》。

《本草纲目》全书共 52 卷，约 190 万字，其基本构成状况如下。

卷一、卷二为序例，是全面概述药物学理论的部分，包括对历代诸家本草的介绍，引以为据的古今医家著作和经史子集书目，论说七方、十剂、气味阴阳、升降沉浮、引经报使等相关概念与药物理论，介绍药物之间相须、相使、相畏、相恶、相反的关系与禁忌，附有李东垣“随证用药凡例”、张子和（即张从正）“汗吐下三法”等。

卷三、卷四为“百病主治用药”，列病症 113 种，每症之下详列针对性的主治药物。

从卷五开始进入药物的具体记述，分为水、火、土、金石、草、谷、菜、果、木、服器、虫、鳞、介、禽、兽、人等 16 个部，每部之下再分类，共计 62 类。《本草纲目》所收药物 1892 种，其中属于李时珍新增的有 374 种，附有 1160 幅图和 1 万余份处方，引用各类文献合计 800 余种。

纵观《本草纲目》的成就与贡献，可以说与本草著作发展的轨迹完全是一脉相承的，都对药物进行了整理与扩充，重视图的作用，药后附录重要方剂，力求进一步改进分类体系，并辨析前人记述的正误。

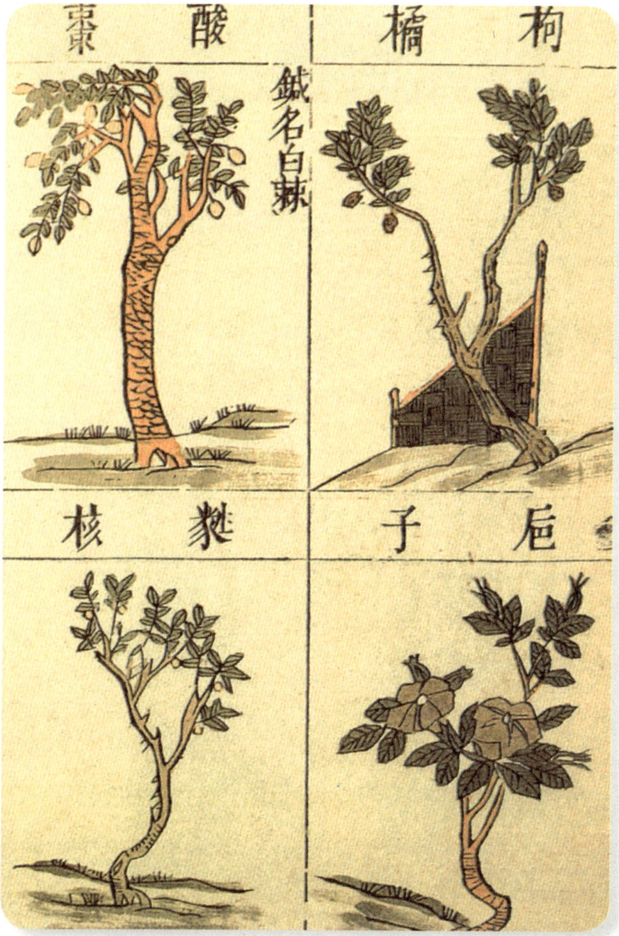
◆《本草纲目》插图

值得指出的是，李时珍不仅是一位伟大的药学家，而且也是一位伟大的医学家。李时珍在脉学、经络学、中医脏象学等方面都有突出的贡献。尤其是他所著的

《濒湖脉学》，成就超过了前人，对后世影响极大，直至近现代，该书仍被视为最重要的古代医学教科书之一。

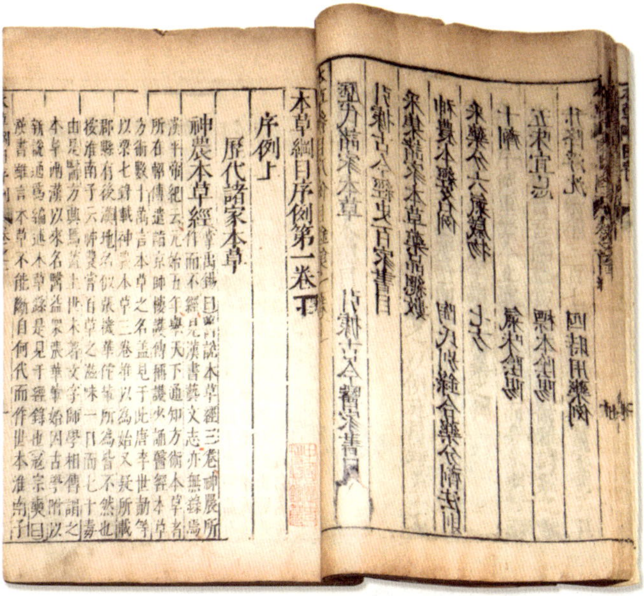

◆《本草纲目》，明代万历刻本，李时珍著

6. 明清时期药物学有什么新变化

随着时代的演进，以及不同时代文化风尚的影响，中国古代药物学的发展呈现出若干不同的价值趋势变化。

第一，追求完备、博大的主流医学体系，不断增补编修上述几大里程碑式著作，在明代李时珍的《本草纲目》到达巅峰，此后便几乎看不到再有人致力于这样的“大成”工作了。

第二，在新儒学（理学、道学）究理之风的影响下，注重药理探讨的著作崭露头角。如北宋医家寇宗奭的《本草衍义》将《黄帝内经》中有关气、味的理论融入本草，作为解释药物的疗效的依据。后来金元时期的医家有更为详细的气味厚薄阴阳说，并由此推衍药性的升降沉浮；又有某药入某经的药物“归经”说，某经有病需用某药为引导的“引经报使”说；甚至将药物与卦象联系在一起，以解释它的效用原理。从某种意义上讲，这种转变显示了从经验到理论层面的提升，但也有强烈的牵强附会的色彩。

第三，由于任何时代只要存在着不同的学说或流派，便会有折中之作产生，因此，进入明代以后，上述两种风格逐渐融合。

第四，当尊经训诂之风吹进医学领域后，本草学体系中也出现了重归《神农本草经》的倾向，因此，会出现从历代本草著作中辑录经文而成的《神农本草经》。

第五，是与尊经之风并驾齐驱的歌诀式通俗读物的出现。通俗读物的增多与明清时期人口增长、从医之人也相应地增多有直接关系。从另一方面讲，当药物知识积累到卷帙浩繁之时，必然会由博大精深向简约转变。

明清以来，外来文化的影响与日俱增。明朝中期的《食物本草》中出现了哥伦布发现美洲大陆后传入中国的落花生等美洲植物，清代赵学敏的《本草纲目拾遗》开始引用西方药学文献，并记录了金鸡纳等药物。此后中国的本草学著作中，近代自然科学知识逐渐增多，不仅有拉丁文学名，还包括有效成分及其化学结构等，由此进入了科学认识药物的新纪元。

◆《食物本草》插图

知识拓展

中国古代名医之祖

医祖扁鹊

扁鹊，生卒不详，春秋战国时期渤海郡郑（今河北沧州）人。

扁鹊精通内科、外科、妇科、儿科、五官科，他总结出的“望”“闻”“问”“切”四种诊病的方法，一直到现在仍然被中医所沿用。扁鹊周游各国，应用砭刺、针灸、按摩、汤液、热熨等法治疗疾病，被尊为“医祖”。

◆ 名医扁鹊像

外科之祖华佗

华佗，约生于汉永嘉元年（145年），卒于建安十三年（208年），字元化，东汉沛国谯（今安徽亳州）人，少时曾在外游学，行医足迹遍及安徽、河南、山东、江苏等地。他医术全面，尤其擅长外科，精于手术，其麻沸散的使用是世界医学史上最早的全身麻醉。他还发明了最早的保健体操“五禽戏”，模仿虎、鹿、熊、猿、鸟的动作进行健身。

华佗被后人称为“外科圣手”“外科鼻祖”，后人多用“神医”称呼华佗，又以“华佗再世”“元化重生”称誉有杰出医术的医师。

医圣张仲景

张仲景，生于150—154年间，卒于215—219年间，东汉南阳郡涅阳县（今河南邓州）人。他广泛收集医方，写出了《伤寒杂病论》，确立了辨证论治原则，奠定了中医临床的基本原则，是中医的灵魂所在。

在方剂学方面，《伤寒杂病论》也做出了巨大贡献，创造了很多剂型，记载了大量有效的方剂。他不仅治学态度严谨，而且医德高尚，一生为民医病，被后人尊称为“医圣”。

针灸鼻祖皇甫谧

皇甫谧（215—282），幼名静，字士安，自号玄晏先生，东汉安定郡朝那县（今甘肃省灵台）人。皇甫谧把古代著名的三部医学著作《素问》《针经》《明堂孔穴针灸治要》纂集起来，加以综合比较，并结合自己的临床经验，写出了一部为后世针灸学树立了规范的巨著《针灸甲乙经》，简称《甲乙经》。书中对人体的穴位进行了系统的整理总结，记述了各部穴位的适应症和禁忌，说明了各种操作方法。由于《甲乙经》在针灸理论与实践上的巨大贡献，皇甫谧被人们誉为“中医针灸学之祖”。

温病学奠基人叶桂

叶桂（1666—1745），字天士，号香岩，别号南阳先生，清代江苏吴

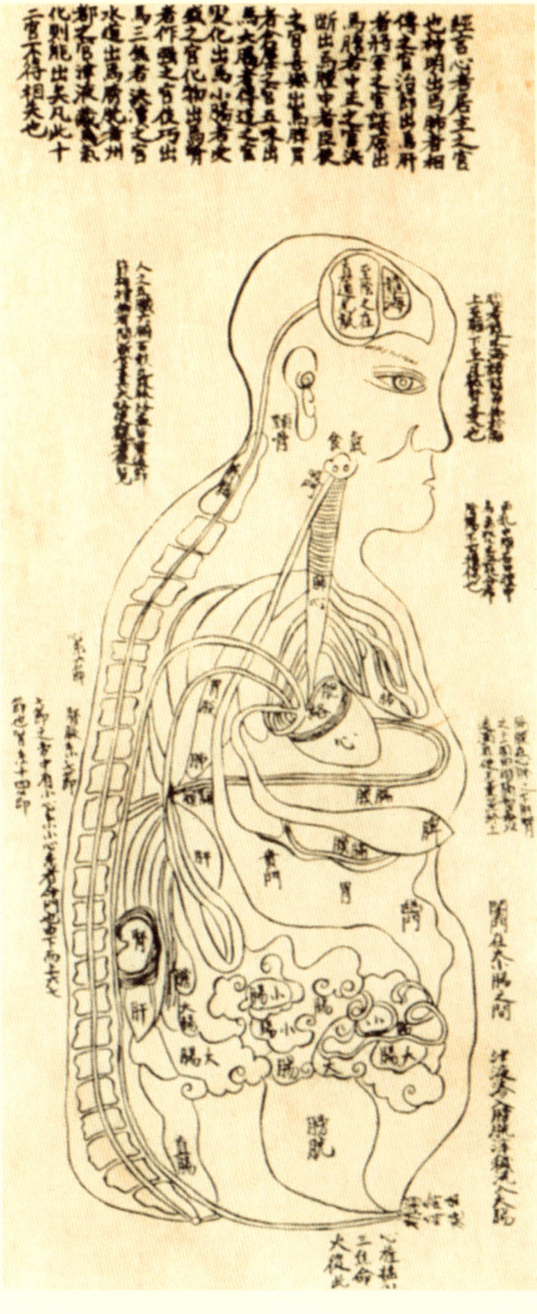

◆ 标示出内脏的针灸图

县（今江苏苏州）人。叶桂不到 30 岁就医名远扬，除精于家传儿科，在温病一门独具慧眼、富于创造之外，叶桂可谓无所不通，并在许多方面有其独到的见解和方法。

在杂病方面，他补充了李东垣《脾胃论》详于脾而略于胃的不足，提出“胃为阳明之土，非阴柔不肯协和”，主张养胃阴；在妇科方面，他阐述了妇人胎前产后、经水适来适断之际所患温病的症候和治疗方法；他还对中风一症有独到的理论和治法，提出了久病入络的新观点和新方法。

药王孙思邈

孙思邈（581—682），唐代京兆华原（今陕西铜川耀州区）人。他从小聪明过人，长大后开始爱好道家老庄学说。孙思邈十分重视民间的医疗经验，不断走访，及时记录，终于完成了他的著作

《千金要方》，首创脏病、腑病分类系统，对中国医学有重大贡献，被后人称为“药王”。唐高宗显庆四年（659年），孙思邈参与并完成了世界上第一部国家药典《新修本草》的编撰。

儿科鼻祖钱乙

钱乙（1032—1113），字仲阳，宋代东平（今山东东平）人。钱氏治学，最初先以《颅囟方》而成名，行医儿科，因治愈皇亲国戚的小儿疾病，被授予翰林医学士，任太医院丞。在多年的行医过程中，钱乙积累了丰富的临床经验，著有《伤寒指微》《婴孩论》《小儿药证直诀》等，尤其是《小儿药证直诀》，对儿科发展以及独成一门学科做出了巨大贡献，后人视之为儿科的经典著作，把钱乙尊称为“儿科之圣”“幼科之鼻祖”。

法医之祖宋慈

宋慈（1186—1249），字惠父，宋代建阳（今属福建南平）人。宋慈曾在广东与湖南做过官员，办案注重实地检验，一生破案无数。1247年他写出了《洗冤集录》五卷，这是中国第一部系统的法医学专著，也是全世界最早的一部法医学专著，后来还被传到国外，对于医学发展起到了重要的作用。

药圣李时珍

李时珍（1518—1593），字东壁，晚年自号濒湖山人，明代湖北蕲州（今湖北蕲春）人。李时珍先后到武当山、庐山、茅山、牛首山及湖广、安徽、河南、河北等地收集药物标本和处方，并拜渔人、樵夫、农民、车夫、药工、捕蛇者为师，参考历代医药等方面的书籍925种，考古证今，记录了上千万字札记，弄清了许多疑难问题，历经27个寒暑，三易其稿，完成约190万字的巨著《本草纲目》，这是中国古代药物学的总结性巨著，在国内外均有很高的评价。明代万历年间《本草纲目》传至日本，后来逐步传向欧洲，被译为德文、法文、英文、拉丁文、俄文等。

预防医学的先驱葛洪

葛洪(284—364)，字稚川，自号抱朴子，晋代丹阳郡句容（今江苏句容）人。葛洪在预防医学方面研究颇深，著有《肘后方》，书中描述的“天行发斑疮”是全世界最早的有关天花的记载。他还提出了不少治疗疾病的简单药物和方剂，其中有些已被证实是特效药，如松节油治疗关节炎，铜青（碳酸铜）治疗皮肤病，雄黄、艾叶可以消毒，密陀僧可以防腐等。

葛洪最大的成就是在炼丹方面的心得，其著作《抱朴子·内篇》具体描写了炼制金银丹药等有关化学的多方面知识，也介绍了许多物质的化学变化。例如，“丹砂烧之成水银，积变又还成丹砂”，描述了化学反应的可逆性。

（本章执笔：靳志佳博士）

中外科学技术对照大事年表

（远古到 1911 年）

医 学

中　外

巴比伦医学具雏形

约公元前 2000 年

公元前 20—公元前 16 世纪

埃及莎草纸书记载有妇科病等

2 世纪中叶

神医华佗取得最重要的医学成就之一——创用麻醉药“麻沸散”，病人服药后“如醉死无所知”，华佗为病人打开腹腔切除病变部位，缝合后涂上药膏，四五日伤口便愈合，是世界医学史上最早在全身麻醉下进行外科手术的记载

《难经》成书，全名《黄帝八十一难经》，原题秦越人（即扁鹊）撰，以问答形式论述中医理论问题，不少内容对后世医学有重要影响

盖伦写成《论解剖》，描述了 12 对脑神经中的 7 对，认为脑是神经系统的中心；记述了心脏的 4 个腔、4 个孔和瓣膜；证实动脉内含血而非气

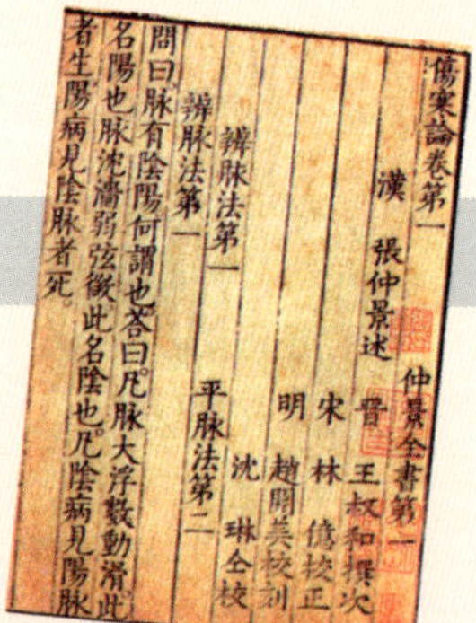

傷寒論卷第一　仲景全書第一
漢　張仲景述
晉　王叔和撰次
宋　林　億校正
明　趙開美校刻
沈　琳仝校
辨脈法第一　平脈法第二
辨脈法第一
問曰脉有陰陽何謂也荅曰凡脉大浮數動滑此名陽也脉沈濇弱弦微此名陰也凡陰病見陽脉者生陽病見陰脉者死。

3 世纪

张仲景著《伤寒杂病论》，将伤寒病分为六类，指出每类疾病的辨证依据，这种方法被称为“六经辨证”

约公元前 14 世纪

甲骨文记载了一些用于治疗疾病的药物

公元前 9—公元前 8 世纪

西周建立医事制度。《荷马史诗》记载医疗活动和医药知识

公元前 7 世纪

《寿命吠陀》成书，是“印医”理论奠基之作，提出三体液说

亚述帝国（公元前 935—公元前 612 年）首都尼尼微黏土版古医书编成

公元前 541 年

医和提出六气致病说

1 世纪后期

丢斯古里德（Διοσκουρίδης）《药剂学》五卷问世，集古希腊药物学、应用植物学之大成，影响后世 1000 多年

1—2 世纪之交

索刺诺斯（Σωρανός）著《论急慢性病》《论骨折》《论妇女病》等，后者在其后 1500 年间一直是妇产科教材范本

11 世纪中叶

“非洲人”康斯坦丁（Constantinus Africanus）将数十种希波克拉底、盖伦和阿巴斯阿里的医学典籍译成拉丁文，传入意大利南部

12 世纪中后期

犹太学者迈蒙尼德著《论饮食和个人卫生》《论性交》等，后者使他在生前便获得极大声誉

1377 年

拉古萨共和国实行海港检疫

15 世纪末

达·芬奇研究人体解剖，否定盖伦“由肺静脉将空气输入心脏”“静脉起源于肝脏”的说法

约 1530 年

帕拉塞尔苏斯用汞剂治疗梅毒，开创化学制药方法

1543 年

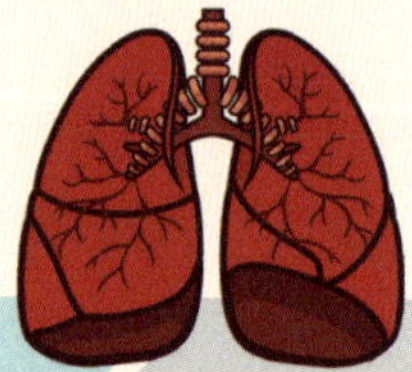

维萨里《人体的构造》出版，是近代解剖学奠基之作，纠正了盖伦 200 多处错误

1861 年

布罗卡发现大脑皮层上与语言生成有关的布罗卡区

1892—1898 年

伊万诺夫斯基和贝杰林克发现病毒

1896 年

埃利斯《性心理学研究》出版，得出许多令当时人惊讶的结论，成为性心理学的创始者

1900 年

弗洛伊德《梦的解析》出版，全面展现其精神分析理论

1901 年

梅契尼科夫在《传染病的免疫》中提出“(吞)噬细胞是大多数动物(包括人)抵抗急性感染的第一道防线”的理论，成为免疫机制的细胞理论学派的创始人

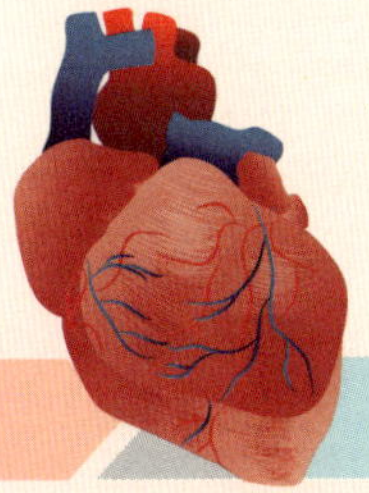

1593 年

李时珍《本草纲目》在南京付梓，改进了中国传统的分类方法，纠正了前人许多讹误。它不光是一部药物学巨著，同时也是一部博物学著作

1628 年

哈维《论动物心脏与血液运动的解剖学研究》出版，阐明血液循环运动的道理，证明心脏是血液循环的动力源

1818—1822 年

圣伊莱尔提出动物器官的补偿原则（后被阐释为进化上的“选择压力”）和相互关系原则（最早提出的与“同源器官”相似的概念）

1846 年

莫顿用乙醚作为手术麻醉剂

1857 年

萨克斯在大学开设植物生理学课程，标志着该学科正式创立

1857—1885 年

巴斯德创立细菌学说，发明减毒疫苗

1903 年

巴甫洛夫在第十四届国际医学大会上宣读论文《动物的实验心理学与精神病理学》，指出条件反射是基本的心理学现象，同时也是生理学现象，使得客观地研究生物的精神活动成为可能

九章算經卷第一
魏 劉 徽 注
方田 以御田疇界域
今有田廣十五步從十六步
九章算經卷第四
魏 劉 徽 注
少廣 以御積冪方圓

第 二 章

运筹帷幄：算法里面学问多

中国古代数学又叫“算学”，以解决实际问题为目标，围绕建立算法与提高计算技术而展开研究，与其他文明古国的数学相比，自成体系，创造了许多世界一流的研究成果。

这些成果首先就体现在十进位制的创制上。现在人们日常生活中不可或缺的十进位制，就是中国的一大发明。至迟在商代时，中国已采用了十进位制。从现已发现的商代陶文和甲骨文中，可以看到当时已能够用一、二、三、四、五、六、七、八、九、十、百、千、万等13个数字，记十万以内的任何自然数。这些记数文字的形状，在后世虽有所变化而成为现在的写法，但记数方法却从

没有中断，一直沿袭下来，并日趋完善。

在计算数学方面，中国大约在商周时期已经有了四则运算，到春秋战国时期整数和分数的四则运算已相当完备。其中，出现于春秋时期的正整数乘法歌诀“九九歌”，堪称是先进的十进位记数法与简明的中国语言文字相结合之结晶，这是任何其他记数法和语言文字所无法比肩的。

与此同时，中国发明了特有的计算工具和方法，即用“算筹”进行计算。“筹”是一些粗细、长短一样的小竹棍，也有用木或骨制成的，后来还有用铁等金属制作的。用算筹进行计算，叫作“筹算”，即通过算筹的摆列，进行加减乘除以至开平方、开立方等的运算，整数以后的奇零部分，则用分数表示。后来的“筹划”“筹策”“筹算”“筹议”等常用词，都是由此衍生和引申出来的。正是在上述的基础上，中国古代数学以擅长计算著称于世，并逐步形成了独具特色的数学体系。

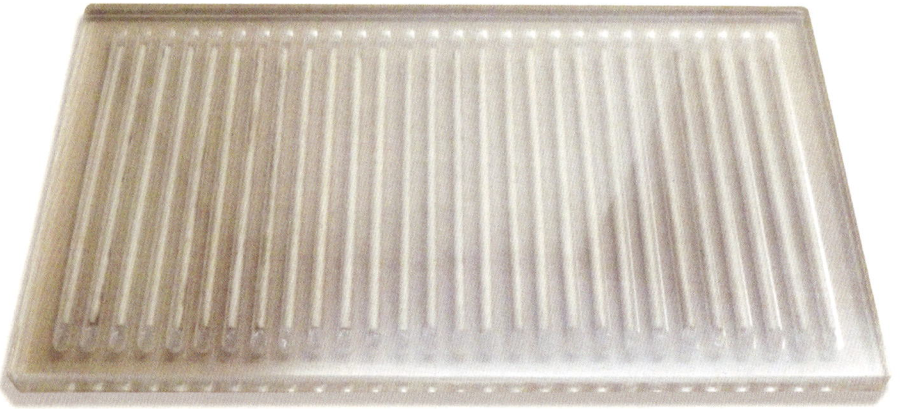

◆ 陕西出土的象牙算筹

第一节

中国古代算学是怎么形成的

1. 从神话传说到先秦算书

自人类文明诞生以来，数字的应用就与人们的日常生活紧密相关，从数量抽象出数字，从数字的关系归纳出运算，从数字和运算中就产生了最原始的数学。

根据中国古代的神话传说，算数是由黄帝手下一个叫隶首的人发明的。实际上，数学的起源是一个由简到繁的过程，通过组合最基本的加减运算来解决一些复杂的数学问题。中国古代的算学就是通过算题来描述相应的算法，而把这些算题收集并记录下来，就形成了算书。

中国算书的历史可以上溯

◆ 记于竹简上的算学文献——西汉《算数书》

至先秦时期。1975 年，考古人员在湖北睡虎地秦墓发掘出了大量的竹简，其中就有与算学相关的内容，主要涉及粮食价格和工程运输等计算，由此可以看出当时秦国对计算的管理措施，比如当这些计算出现差错时，相应的官员就需要承担责任。

1984 年，在湖北江陵张家山汉墓中又出土了一批竹简，考古人员发现其中的一部分竹简上记载着与算学有关的内容，并有一片竹简的背面写有“算数书”三字，于是这部分竹简就被称作《算数书》。从内容上看，《算数书》和另一部传世的算学典籍《九章算术》应该有共同的来源，它们的核心都是中国古代算学的理论体系——“九数”。

2. 古代算学经典作品有哪些

成书于汉代，又经过历代算学家注释的《九章算术》是中国古代最经典的一部算书，也是中国古代算学成就的集中体现。《九章算术》也是在“九数”的基础上发展起来的，全书采用术文统率例题的形式，也有一小部分采取应用问题集的形式。《九章算术》共含有约 90 条抽象性公式和算法，246 个应用问题，按问题类型分为 9 卷，分别是：

“方田”，分数四则运算法则与各种面积公式；

“粟米”，以今有术（即三率法）为主解决谷物交换中的比例问题；

“衰分”（“衰分”的“衰”读作 cuī），主要是按比例分配或按比例的倒数分配的算法；

“少广”，面积与体积的逆运算，其中最重要的是提出世界上最早的开平方与开立方法；

“商功”，其本义是土方工程工作量的分配算法，但后来人们更重视为计算工作量而提出的各种多面体和圆柱体的体积公式；

“均输”，解决赋税的合理负担的算法，实际上是更复杂的衰分问题以及各种算术难题；

“盈不足”，即今天的盈亏类问题算法，以及应用盈不足术求解一般算术问题的方法；

“方程”，即线性方程组的解法，提出建立方程的“损益”法以及正负数加减法则（中国古代的“方程”和我们今天的代数方程在思想上有相通之处，但也有很多不同。近代西方代数学传入中国后，我们用古代的算学术语“方程”来表示现代意义的代数方程）；

“勾股”，含有勾股定理、解勾股形方法，勾股数组的应用以及简单的测望问题。

目前所知《九章算术》最早的编者是西汉初年的丞相张苍（生年不详，卒于汉景帝五年，即公元前152年，早年担任秦朝官职，后追随刘邦），在

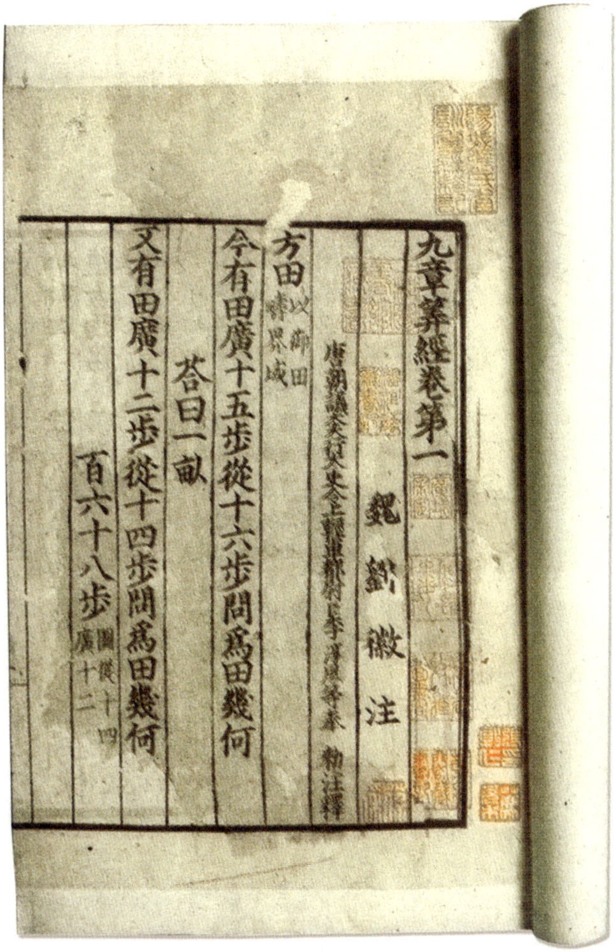
九章筭經卷第一
魏 劉徽 注
方田 以御田疇界域
今有田廣十五步從十六步問爲田幾何
荅曰一畝
又有田廣十二步從十四步問爲田幾何
百六十八步

◆《九章算术》中“方田”记录分数四则运算法则与各种面积公式

之后的1000多年里，它又经过了历代算学家的注释，这些注释主要出自魏晋时期的刘徽（生卒年不详，魏晋时期数学家）和唐朝初期的李淳风（602—670，唐朝初期的天文学家、数学家）。刘徽的注释对原书的算法和算理给出了许多十分有见地的讲解，极大地丰富了《九章算术》原书的内容和意义。李淳风的注释则吸收了南北朝祖暅（读gèng）等人的成果，也是我们了解唐朝算学发展情况的重要依据。现在我们说到《九章算术》，很多时候不仅仅指《九章算术》的原书，也包括刘、李两家对《九章算术》所做的注释。

《九章算术》最大的一个特点是将算术和社会实际联系起来，其中的不少算题具有很强的应用意义，这从各卷的名目中就可以看出。比如讲解粮食交易中单位换算的“粟米”算题，讨论赋税和工作量分配的“衰分”

◆ 左下图：魏晋时期数学家刘徽

右下图：上海图书馆藏宋刻本《九章算术》

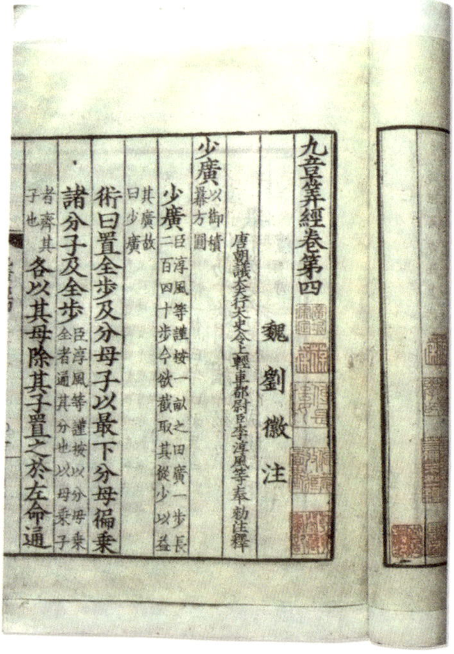

九章筭經卷第四

魏 劉徽 注

唐朝議大夫行太史令上輕車都尉臣李淳風等奉勅注釋

少廣 以御積冪方圓

少廣 臣淳風等謹按一畝之田廣一步長二百四十步今欲截取其從少以益其廣故曰少廣

術曰置全步及分母子以最下分母徧乘諸分子及全步 臣淳風等謹按以分母乘全者通其分也以母乘子者齊其子也 各以其母除其子置之於左命通

算题，处理运输分配的“均输”算题，研究土方建筑工程量的“商功”算题等。而另一方面，这些看似与实际应用密切相关的算题背后，也蕴藏着深刻的数学思想。

除此之外，《九章算术》还表现出中国古代算术的另一个显著的特点——“机械化”，或者说“程式化”，这对后来数学思想的发展也有一定影响。中国当代著名数学家吴文俊先生更是从中国古代算术的“程式化”特点中，提炼出“数学机械化”的思想。

《九章算术》作为中国古代最重要的一部算书，和其他九部算书一道在唐朝初期被官方选定为国子监算学馆的标准教材。后来这十部算书被统称为“算经十书”，它们是《周髀算经》《九章算术》《孙子算经》《五曹算经》《夏侯阳算经》《张丘建算经》《海岛算经》《五经算术》《缀术》和《辑古算经》（“算经十书”在唐朝时曾传入朝鲜半岛和日本，成为这些地方数学发展的基础）。可以说，以《九章算术》为代表的“算经十书”是由汉至唐时期中国古代算学思想的伟大结晶。

◆ 《张丘建算经》记载了百鸡问题

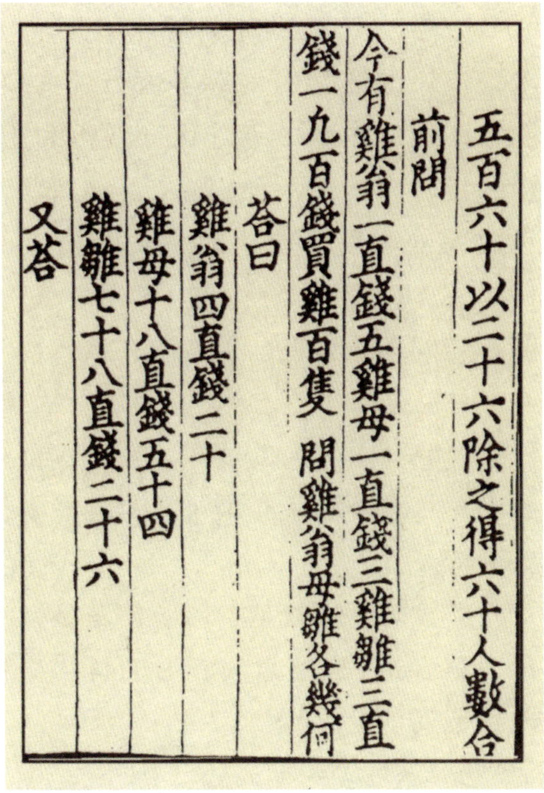
五百六十以二十六除之得六十人數合
前問
今有雞翁一直錢五雞母一直錢三雞雛三直
錢一凡百錢買雞百隻　問雞翁母雛各幾何
荅曰
雞翁四直錢二十
雞母十八直錢五十四
雞雛七十八直錢二十六
又荅

知识拓展

中国古代最著名的三道算学题

中国古代的算学著作为我们留下了很多经典讨论，其中有三个最著名的问题，经久不衰。

一、鸡兔同笼问题

这道算学问题出自南北朝时期的算学著作《孙子算经》，原文是："今有雉兔同笼，上有三十五头，下有九十四足，问雉兔各几何？"

这道题的意思是说，有一些鸡和一些兔子在一个笼子里，一共 35 个头，94 只脚，问有多少只鸡，多少只兔子。

这种题目是学二元一次方程的入门题。设鸡有 x 只，兔子有 y 只，列个方程组：

$$\begin{cases} x+y=35 \\ 2x+4y=94 \end{cases}$$

然后算出 x=23，y=12，所以鸡有 23 只，兔子 12 只。

但是中国古人不懂二元一次方程组，他们是怎么算的呢？

他们的算法比列方程组还简单。鸡有 2 只脚，兔子有 4 只脚，他们假设让鸡抬起 1 只脚，让兔子抬起 2 只脚，这个时候笼子里的脚就会少一半，就是 94/2=47 只。这个时候的笼子里，鸡是 1 只脚 1 个头，兔子是 2 只脚 1 个头，而头一共是 35 个，说明多出来的就是兔子的数量，所以 47-35=12，兔子就是 12 只。

二、物不知数问题

除了鸡兔同笼问题,《孙子算经》上另一个著名问题就是“物不知数问题”。

原文是:“今有物不知其数，三三数之剩二,五五数之剩三,七七数之剩二。问物几何?”

把这道题转化成数学语言就是:一个数被 3 除余 2，被 5 除余 3，被 7 除余 2，求这个数。

要解答这道题，通常的办法是这样的:

被 3 除余 2，这个数就是 3a+2;

被 5 除余 3，这个数就是 5b+3;

被 7 除余 2，这个数就是 7c+2;

然后分别把 a,b,c=1,2,3,4,5,6……代进去算，一个个试，找重复的答案，算出这个数最小是 23。

这个问题有无数个答案，23 只是最小的一个。这个笨办法只能算数字小的情况，如果数字大了就没法算了，一个个试不知道要试到哪一年去。

而我们的古人是如何解答这道题的呢?古人是这么解答的:

先算出 3,5,7 的最小公倍数 105，分别除以 3,5,7，得到 35,21,15。

三三数之余二，取数 70，乘以余数 2，等于 140;

五五数之余三，取数 21，乘以余数 3，等于 63;

七七数之余二，取数 15，乘以余数 2，等于 30;

把这三个结果相加，再减去 105 的倍数，就能算出符合条件的最小的数，也就是 140+63+30-105×2 = 23。

这类问题在数学上被称为“一次同余问题”，南北朝的《孙子算经》只是提出了一次同余问题的解法，但并没有归纳成一个定理。

完成这个任务的是宋朝算学家秦九韶，他第一个归纳出了解决一次同余问题的定理，这个定理被称为“中国剩余定理”，是数论里的一个重要定理，也是西方数学界对中国古代算学最认可的一个成就。在秦九韶几百年后，瑞士数学家欧拉和德国数学家高斯研究一次同余问题，得出了相同的定理。

三、老鼠打洞问题

《九章算术》的“盈不足篇”里有一个很有意思的老鼠打洞问题。原文是：“今有垣厚五尺，两鼠对穿。大鼠日一尺，小鼠亦一尺。大鼠日自倍，小鼠日自半。问：几何日相逢？各穿几何？”

这道题的意思是：有一堵5尺厚的墙，两只老鼠从两边向中间打洞。大老鼠第一天打1尺，小老鼠也是1尺。大老鼠每天的打洞进度是前一天的一倍，小老鼠每天的打洞进度是前一天的一半。问它们几天可以相逢，相逢时各打了多少。

由题意可知：

第一天的时候，大老鼠打了1尺，小老鼠1尺，一共2尺，还剩3尺；

第二天的时候，大老鼠打了2尺，小老鼠打了1/2尺，这一天一共打了2.5尺，两天一共打了4.5尺，还剩0.5尺；

第三天按道理来说大老鼠打4尺，小老鼠1/4尺，可是现在只剩0.5尺没有打通了，所以在第三天肯定可以打通相逢。

我们现在设大老鼠打了X尺，小老鼠则打了（0.5-X）尺，则相逢时打洞时间相等：

$X \div 4 = (0.5-X) \div (1/4)$

解方程得 $X=8/17$

所以大老鼠在第三天打了8/17尺，小老鼠打了0.5-8/17=1/34尺

所以相逢时，大老鼠打了3+8/17尺≈3.47尺，小老鼠打了1.5+1/34尺≈1.53尺

第二节

中国古代算学的高峰

唐朝以后的算学家仍然在“算经十书”的基础上进一步发展和完善古代算学体系，这一过程在 13 世纪达到了高峰。这一时期涌现出了以宋金元四大家——秦九韶、李冶、杨辉和朱世杰为代表的一批优秀的算学家，将中国算学理论推向了一个高峰。

1. 古代算学最有独创性的成就是什么

秦九韶，约生于宋嘉定元年（1202 年），卒于宋景定二年（1261 年），出生于四川安岳，在南宋的都城临安（今浙江杭州）长大。据秦九韶自述，他曾经跟随一位隐居的学者学习算学。当他到四川担任潼川（今四川三台县）县尉时，正逢蒙古大军进攻四川，潼川一时成为交战的最前线。就是在这种“尝险罹忧”的环境下，秦九韶思考起了命理和运数，他深信万物“莫不有数”，将自己的精力投入钻研算学问题。

◆ 秦九韶所著《数书九章》

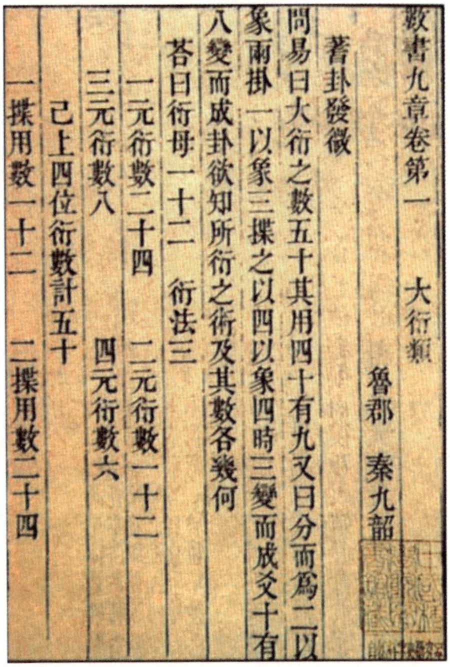
數書九章卷第一　大衍類
魯郡　秦九韶
蓍卦發微
問易曰大衍之數五十其用四十有九又曰分而爲二以象兩掛一以象三揲之以四以象四時三變而成爻十有八變而成卦欲知所衍之術及其數各幾何
荅曰衍母一十二　衍法三
一元衍數二十四　二元衍數一十二
三元衍數八　四元衍數六
已上四位衍數計五十
一揲用數一十二　二揲用數二十四

秦九韶的工作主要体现在他的《数书九章》中，他遵从中国算学传统，将这本著作分为 9 个部分，每一部分又包含 9 道题，涉及天文、历法、气象、军旅和交易等应用问题。秦九韶最重要的工作是在《数书九章》的第一部分“大衍类”中提出了“剩余问题”的一般解法——“大衍求一术”。

“剩余问题”在中国最早出于“算经十书”的《孙子算经》，是数学中

◆《孙子算经》

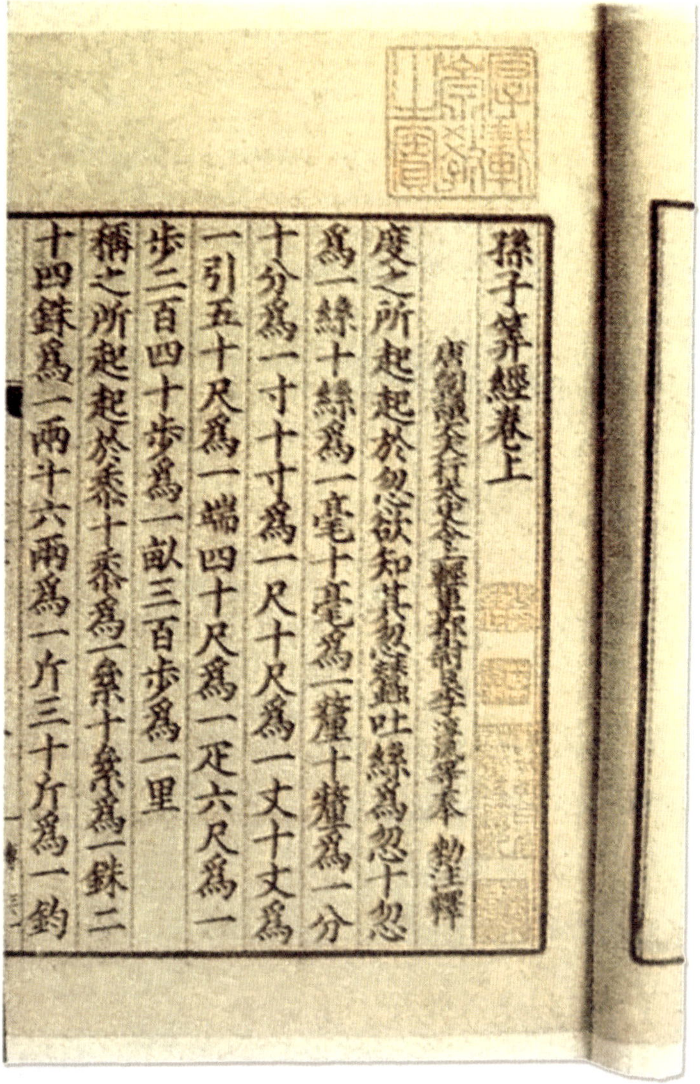
孫子筭經卷上
唐朝議大夫行太史令上輕車都尉臣李淳風等奉 勑注釋
度之所起起於忽欲知其忽蠶吐絲爲忽十忽
爲一絲十絲爲一毫十毫爲一氂十氂爲一分
十分爲一寸十寸爲一尺十尺爲一丈十丈爲
一引五十尺爲一端四十尺爲一疋六尺爲一
步二百四十步爲一畝三百步爲一里
稱之所起起於黍十黍爲一絫十絫爲一銖二
十四銖爲一兩十六兩爲一斤三十斤爲一鈞

的常见问题（“剩余问题”也曾出现在10世纪末阿拉伯数学家伊本·塔希尔和伊本·海萨木的著作中，13世纪初斐波那契的《计算之书》中处理剩余问题的方法与《孙子算经》一样。此后“剩余问题”成为欧洲数学论著中的常见问题）。

《孙子算经》为这道题设计了一个算法，但这个解法还不具备一般性。秦九韶思考的是如何为求解更复杂的剩余问题寻找一个通行算法，并最终提出了“大衍求一术”。

“大衍求一术”是中国古代算学里最有独创性的成就之一，在世界数学史上具有崇高的地位。秦九韶在剩余问题上取得的成果，直到18—19世纪欧洲数学家欧拉和高斯等人对同余问题进行系统研究时才被超越。

2. 古代算学什么时候由盛转衰

与秦九韶同一时期，在北方金朝也出现了一位大算学家李冶。李冶的算学工作主要体现在“天元术”方面，“天元术”是宋元时期发展起来的设未知数列方程的方法。

在使用“天元术”推导方程的过程中，必然要进行多项式的四则运算。李冶的《测圆海镜》和《益古演段》是流传至今的以“天元术”为主要方法的最早的算学著作（李冶《益古演段》中的天元式有时不标出“元”字或“太”字，到朱世杰《算学启蒙》中，几乎所有的天元式都不标出“太”“元”）。通过它们可以得知，金、元时代的算学家已经比较熟练地掌握了这些运算。

“天元术”的产生标志着中国古代方程理论基本上摆脱了几何思维的束缚，有了独立于几何的倾向。它是一种可用于解决各种问题的列方程方法。由于摆脱了几何思维的束缚，用天元术列出的方程有许多进展，能够列出高于三次的方程。

元代算学家为了进一步解决二元、三元甚至四元高次方程组的问题，在“天元术”的基础上又发展出了“四元术”。“四元术”主要是多元方程表示法与多元方程组消元解法，是“天元术”的推广。朱世杰的《四元玉鉴》是关于天元术、四元术的内容最为丰富的著作。

宋金元四大算学家中剩下的一位是杨辉，关于他的生平我们知道得也很有限，只知他大约活跃于13世纪中后期。杨辉的主要贡献是在探究算法的过程中发掘了许多失传已久的算学成果，其中较为重要的就是他所记录的贾宪“增乘开方法”。在他的《详解九章算法》中，最著名的图即“开方作法本源图”。他注释说此图出于北宋年间贾宪的《释锁算书》，因此这张图现在也被称作“杨辉三角”或“贾宪三角”。

中国宋金元时期的算学成就在明朝时大规模地传入朝鲜半岛、日本和越南，对东亚、东南亚的数学发展产生了重要影响。比如，日本在江户时代以中国古代算学为基础发展出了水平较高的和算。

明朝时，中国古代算学的发展陷入了停滞，200多年里都没有获得新的突破性成果。甚至到明朝末年，古代算学最重要的经典《九章算术》也已经部分失传（直到清朝乾隆年间，戴震才从明代《永乐大典》中重新辑录出了较为完整的《九章算术》）。这时候恰逢欧洲文艺复兴运动达到高潮，天主教传教士们给中国带来了西方数学，以《几何原本》《同文算指》为代表，一批反映西方数学传统的典籍被陆续翻译或编译出来，受到明清两朝中国算学家的重视并被吸收。虽然清朝中后期的乾嘉学派经过对文献的整理，重新发现了古代算学，但随着晚清时西方科学的进一步传入，古代算学被现代数学所取代已经是大势所趋了。

第三节

中国传统的两大计算工具

1. 早期古人用什么工具计算

前面已经提到中国传统算法具有明显的“程式性”特点，这种特点除了体现在算法术文的表达上，更体现于算法的实际运算上。在运算中，少不了计算工具的使用，而中国传统的计算工具——算筹和算盘，正是中国古代算学“程式性”特点的最好证明。

从有文字记载开始，中国的记数法就遵循十进制。殷商时期（公元前1000年之前）的甲骨文已开始采用十进制数字和记数法。随着西周时期社会生产水平的发展，需要更为复杂的计算技术。中国古代长期使用的计算工具是算筹，很可能殷商、西周之际已使用算筹计算，但甲骨文和金文中没有出现“算”“筹”二字，算筹发明的确切年代目前还难以确定。

数字	1	2	3	4	5	6	7	8	9
纵式	𝍠	𝍡	𝍢	𝍣	𝍤	𝍥	𝍦	𝍧	𝍨
横式	𝍩	𝍪	𝍫	𝍬	𝍭	𝍮	𝍯	𝍰	𝍱

◆ 用算筹表示的数字

算筹也称为“算”“筹”或“策”，是用竹、木或其他材料制成的小棍，也有用象牙或骨制的。它是基于十进位值制的记数或计算工具（现代数学采用的就是位值制记数法，即每个数字根据所在位置的不同表示不同的数值。相对地，罗马数字采用的就是非位值制记数法）。将算筹按一定的方式摆放可以很方便地表示任意的自然数，并用以进行四则运算和更为复杂的运算。算筹表示 1—9 九个自然数的方式有纵式和横式两种。用算筹进行的计算和演算称作“筹算”。

春秋战国是中国科学与技术发展的一个重要阶段，需要处理大量比较复杂的数字计算问题。现有的文献和文物证明，在春秋战国时期算筹的使用已经相当普遍。

考古工作者在春秋战国和汉代古墓中发掘出土了大量算筹实物，比如在湖南常德德山战国楚墓发掘出“竹筹”一束，计 10 余根，呈黑色，已大部腐朽，每根长 13 厘米，宽 0.7 厘米，厚 0.3 厘米，就是当时的算筹；在陕西千阳县发现了西汉宣帝时期（公元前 74—公元前 49 年）的兽骨制算筹 30 多根，大小长短和《汉书·律历志》的记载基本相同；陕西旬阳县佑

◆ 古人使用算筹，北京孔庙和国子监博物馆藏

◆ 春秋战国时期的算筹和算袋（复制品）

圣宫一号汉墓中出土的 28 根做工精细的象牙算筹，每根直径 0.4 厘米，长 13.5 厘米。这些都是算筹在古代被大量使用的证明。

筹算一出现，就严格遵循十进位值制记数法。9 以上的数就进一位，同一个数字放在百位就是几百，放在万位就是几万。5 及 5 以下的数用几根筹表示几，6，7，8，9 四个数目，用一根筹放在上边表示 5，余下来每一根筹表示 1。

表示一个多位数字时，各位值的数目从左到右排列，奇数位用纵式，偶数位用横式，纵横错杂，并以空位表示零。数 4368 用算筹表示就是：

《九章算术》《孙子算经》《夏侯阳算经》和《张丘建算经》等算书都介绍了筹算的运算程序。负数出现后，算筹分成红黑两种，红筹表示正数，黑筹表示负数。用算筹还可以列出各种算式，进行算学运算。

筹算除了数值计算的功能外，还能进行算式推导。宋元时期筹算法实现飞跃，“开方术”从开平方、开立方发展到了可实现 4 次以上的开方运算，配合当时出现的“天元术”和“四元术”方法，便可以求解多元高次方程组问题。

算筹虽然具有简单、形象等优点，但也存在布筹时占用面积大，运筹速度快时容易摆弄不正而造成错误等缺点，因此中国古代的算学家们很早就开始探索对算筹的改革。

2. 改变世界的小发明——算盘

唐中期以后，商业日益繁荣，数字计算增多，迫切要求改革计算方法。另一方面，筹算口诀的产生造成口念歌诀很快，而手摆弄算筹则很

◆ 紫檀大算盘，江苏南通中国珠算博物馆藏

慢，得心无法应手。算法口诀已经发展到算筹与筹算无法适应的地步，改革计算工具成为人们的迫切需要，珠算盘与珠算术便应运而生。

穿珠算盘可能在北宋已出现。北宋张择端画的《清明上河图》中赵太丞药铺柜台上有两个长方盘子，许多珠算史研究者认为是算盘，也有学者认为这不是算盘，而是钱板。元代文献中有题为《算盘》的五言绝句；元代画家王振鹏所绘的《乾坤一担图》（1310 年）中的货郎担上就有一把算盘，它的梁、档、珠都很清晰；《元曲选》杂剧《庞居士误放来生债》的戏词里有“去那算盘里拨了我的岁数”。由这些实例，可知元代已应用珠算。如果把现代珠算看成是穿珠算盘加一套完善的算法和口诀，那么可以肯定它的出现不晚于元代。

明代商品经济进一步发展，和这种商业发展相适应的是珠算的普及。明朝初期的儿童识字读本里已经有了关于算盘的内容，其中的算盘图十分

◆ 安徽屯溪程大位珠算博物馆收藏的算盘

清晰，框、梁、档、珠俱全，上二珠、下五珠的形式和今天几乎相同。这说明那时珠算已十分流行，而算盘也成为百姓生活中的普通算具，筹算开始退出历史舞台。

明朝末年，珠算逐步定型，它的算法也日趋规范化和系统化，这一过程的主要标志是程大位的《算法统宗》。该书中的算法口诀，500年来变化很少，原来零零散散的口诀得到进一步的系统化和改进完善，甚至细化到打算盘的运指技法上。比如，原来的“一起四作五”变成了“一下五除四”，前者的拨珠顺序为“先去四后下五”，而后者的拨珠顺序为“先下五后去四”，下五去四可一气呵成，比先去梁下四珠，再拨下梁上一珠要合理得多。

作为计算工具，珠算基本上可以涵盖筹算的功能，但在计算速度上却快很多，这正好满足商业社会的需要，因此在明代商业繁荣的社会环境中得到了蓬勃的发展。而筹算则逐渐销声匿迹，以至于清朝算学家在朝鲜见到算筹时，已不知它是什么东西。

筹算和珠算在东亚数学的发展中扮演了重要角色。日本在中国唐朝时开始引进中国算学，筹算同时传入了日本，成为日本人的主要计算工具。16世纪中叶，珠算传入日本，也很快得到普及。日本引进珠算后，算筹和筹算却并未像它在中国那样被人遗忘，而是仍在被日本数学家使用，作为开方和求解高次方程的辅助工具。筹算传到朝鲜后，使用了1000多年，直到19世纪仍是朝鲜最主要的计算工具。珠算尽管也在15—16世纪传入朝鲜，并在民间使用，但一直未能占据主导地位，朝鲜数学家主要采用的还是筹算。

算筹和算盘的普及使汉字文化圈国家的计算能力有了极大的提高。中国古代算学的程序化算法特征也与筹算和珠算的采用有着密不可分的关系。

2007年11月，英国《独立报》评选出该报所认为的改变世界的101

◆ 西方人笔下的中国风情画：图中商人正在拨弄算盘，颇能反映中国商人的特点——他们十分精明，善于运算，一把算盘不离手

项小发明，居第一位的是有2000年历史的中国算盘。2013年12月4日，经联合国教科文组织审议，珠算正式成为人类非物质文化遗产。中国的算盘被称为“世界上最古老的计算机”。

（本章执笔：潘钺博士）

中外科学技术对照大事年表

（远古到1911年）

数学

中　外

公元前26世纪

两河流域使用以六十进制为基础的四则运算；乘法表和除法“倒数表”出现

公元前25—公元前20世纪

埃及得出3.16的圆周率；解一元一次方程；计算长方形、三角形和梯形面积，球表面积和棱台体积

公元前7世纪

乘除运算开始在中国流传

1—2世纪之交

墨涅拉俄斯（Μενέλαος）著《论球面》，开创球面三角学

3世纪

刘徽注《九章算术》，创割圆术；《海岛算经》出现重差术解法

丢番多（Διόφαντος，Dióphantos，另译丢番图）著《算术》，首次用一些符号简化方程表述，向符号数学迈出一大步

5世纪

3.141592

祖冲之算得小数点后六位有效数字的圆周率

亚历山大里亚的敌视使学术中心暂回雅典

626年

王孝通已编纂完成《缉古算术》

656年

李淳风等人注十部算经，被唐代国子监中设立的算学馆作为教本

9世纪初

花拉子米（al-Khwarizmi）著《移项与消项之书》，确立“数”和“计算程序”的抽象观念；将阿拉伯数字与印度十进制位值制结合，引入0的观念和符号，产生今日通用的阿拉伯数字记数法

0, 1, 2, 3, 4, 5, 6, 7, 8, 9

9世纪后半叶

阿布-瓦法（Abu'l-Wafa）在有关月球运动的著作中定义了正切函数，编制了高精度（8位小数）正弦、正切函数表，提出正割、余割函数概念，阐释负数观念

公元前 3 世纪

阿基米德著《抛物线之面积》《论球体与圆柱体》《论抛物体与椭圆体》《论螺线》《圆之测度》等，证明大量几何形体的长度、面积和体积公式，广泛使用等价于微积分的运算，将圆周率算到万分之一精度

公元前 300 年左右

欧几里得写成集大成之作《几何原本》，成为此后数学著作的“范式”，另著《图形分割》《天象》（涉及球面几何学）《伪证》《面上轨迹》（圆锥曲线研究）等

公元前 1 世纪

《周髀算经》成书，反映比例对应测量思想和古代中国唯一的公理化尝试，并有印度、希腊影响的痕迹

1 世纪中叶

赫戎（Hērōn，另译希罗）著《测算学》，证明从三角形边长求面积的公式，记载开平方和开立方的反复逼近运算法，列出正三至正十二边形面积的近似公式和许多平面和立体形体的面积、体积、表面积计算式

9 世纪末—10 世纪中叶

埃及代数学家阿布·卡米尔（Abu Kamil）著《代数书》，将代数方法用于几何学，发展了未知数高次幂的观念、记法，研究不定方程

凯拉吉（Al-Karaji）推进多项式运算，使代数从几何中独立出来

10 世纪后半叶

库希（Al-Quhi）用圆锥曲线交点解决一些经典几何难题；著《星盘构造》一书，利用投影法在大地坐标和赤道坐标间作变换

10 世纪末—11 世纪初

王子曼苏尔（Abu Nasr Mansur）发现正弦定律，并应用其他三角函数解决球面三角学问题

11 世纪中叶

刘益在《议古根源》里最早明确提到“演段法”（通过面积运算获得方程系数）

11 世纪后半叶—12 世纪初

奥马尔·海亚姆（Omar Khayyam）著《代数问题示要》，系统研究三次方程，指出含三次项的问题需要用圆锥曲线交点解决，从而超越了古希腊人的研究，并用三角学方法得到三次方程近似解

1247 年

秦九韶写成《数书九章》，其中“大衍求一术”解决一次同余式组问题领先世界，被西方数学史家称为“中国剩余定理”

1248年

现存最早的系统论述天元术（设未知数列方程、解方程的方法）的著作《测圆海镜》成书

约1250年

图西完成《论完全四边形》，三角学开始成为独立的学科

1274年

杨辉著《乘除通变算宝》三卷，列出“九归”口诀，介绍筹算乘、除的简捷算法

1607年

利玛窦、徐光启翻译完《几何原本》前六卷

1631年

邓玉函、汤若望与徐光启合编《大测》，是中国第一部三角学著作，这也是三角学第一次传入中国

约1637年

费马在研读丢潘多《算术》时提出费马大定理（费马最后定理），直到1994年才得到证明

笛卡尔《几何学》出版，解析几何学正式诞生

1640年

帕斯卡《圆锥曲线论》出版，从其射影几何定理导出阿玻罗尼俄斯《圆锥曲线论》中的大部分定理，说明解析几何方法与射影几何方法等效

1653年

斯穆格尼斯基与薛凤祚合编中国最早的对数著作《比例对数表》

1657年

惠更斯《论骰子游戏的推理》出版，首次引进数学期望的概念，是第一本关于概率论的印刷出版物；创制第一台摆钟，次年出版关于精确计时器的第一部著作《时钟》

1801年

汪莱首次考虑根与系数的关系，在中国率先指出二次方程可能有一个或两个正根，三次方程可能有一个、两个或三个正根

高斯用拉丁文写成的《算术研究》出版，是第一部结构严谨的数论巨著，标志着近代数论的开端

1812年

拉普拉斯《概率的分析理论》出版，集古典概率论之大成，为近代概率论发展开辟了道路并提供了方法

1814年

李锐撰成《开方说》，将汪莱对二次、三次方程的研究推广到任意高次方程

柯西在法国科学院宣读论文《关于定积分理论的报告》，开创复变函数论

1303 年

朱世杰完成《四元玉鉴》，还论述了多元多项式的四则运算（除法限于用未知数的高次幂进行单项除法）和从多元方程组中逐渐消元，最后得出只含一个未知数的高次方程的消元法

约 1427 年

$$\sqrt[n]{ab}=\sqrt[n]{a}\sqrt[n]{b}$$

阿尔·卡西（al-Kāsh）写成《算术之钥》，其中的开 n 次方根的近似计算公式领先世界；在《圆周论》中算出精确到 16 位小数的圆周率值

1545 年

卡尔丹（又译卡尔达诺）《大术》出版，公布三次方程解法，最早认真讨论虚数，记录其学生发现的四次方程一般解法

1591 年

韦达完成最早的符号代数专著《分析方法入门》，使代数学成为研究一般的类和方程的学问

1592 年

程大位《算法统宗》问世，珠算理论已成系统

1666—1671 年

牛顿建立了“微积分基本定理”，《1666 年 10 月流数简论》是第一篇系统论述微积分的文献

1684 年

梅文鼎著《弧三角举要》五卷，系统阐述了球面三角形解法，旨在建立一般球面三角学

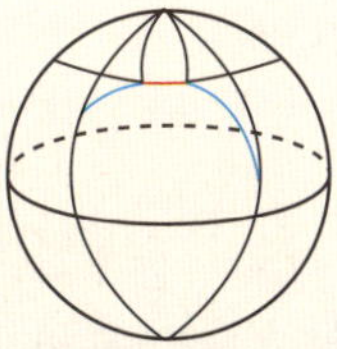

1684 年、1686 年

莱布尼茨发表第一篇微分学和积分学论文。他的理论和所采用的微积分符号对后世产生了很大影响

1723 年

《数理精蕴》出版，汇集了 17 世纪中期以前传入中国的西方数学知识，吸收了不少中国古代数学著作中的应用问题，并用新法解答

1795 年

蒙日发表《关于分析的几何应用的活页论文》，1801 年正式出版时名为《关于分析的几何应用论稿》，成为空间微分几何奠基人之一

1799 年

高斯给出了代数基本定理（n 次多项式方程有 n 个根）的第一个实质性证明

1817 年

波尔查诺《纯粹分析的证明》出版，首次将严格的证明导入分析学

1828 年

高斯《关于曲面的一般研究》出版，开创曲面的内蕴几何学，是微分几何学史上的里程碑

1829—1832 年

伽罗瓦确立群论基本概念，用群论的方法彻底解决了代数方程根式可解性问题

1857 年

李善兰与伟烈亚力在中国续译并出版《几何原本》后九卷

1873 年

埃尔米特证明 e 是超越数，即不能满足任何整系数代数方程的实数，促进超越数论的深入发展

1874 年

康托尔发表《关于全体实代数数的一个特性》，这是集合论的第一篇公开论文，标志着集合论的诞生

1881 年

吉布斯印刷《向量分析基础》，创立向量分析，还将其用于结晶问题及行星、彗星轨道的计算

1881—1886 年

庞加莱受天体力学中三体问题激发，创立微分方程定性理论，形成代数拓扑学、微分拓扑学

1882 年

林德曼证明 π 是超越数，同时证明了古希腊几何作图三大问题之一的化圆为方是不可能问题

1895—1904 年

庞加莱创造用剖分研究流形这一组合拓扑学的基本方法，创立组合拓扑学

1843 年

哈密顿发现四元数，是首次构造的不满足乘法交换律的数系，也是最简单的超复数，成为向量代数的先导

1844 年

格拉斯曼发表《线性扩张论》，讨论了 n 维几何学，建立了空间理论的抽象基础

1845 年

李善兰撰成《则古昔斋算学》十三种二十四卷、《考数根法》一卷，发明尖锥求积术，创立二次平方根的幂级数展开式

1845—1852 年

戴煦著代表作《求表捷术》，其独立发现了指数为有理数的二项式定理、对数函数及某些三角函数的幂级数展开式

1848 年

项明达著《椭圆求周术》，其中用初等方法求得的椭圆周长的级数表达式与近代椭圆积分所得相同

1854 年

黎曼在格丁根大学发表演讲《论作为几何学基础的假设》，成为广义的黎曼几何学的开端

1855 年

$$B=\begin{pmatrix}5 & 7\\ 6 & 8\end{pmatrix}$$

凯莱定义矩阵的基本概念与运算

1896 年

闵可夫斯基《数的几何》出版，数的几何（又名几何数论）成为数论的独立分支

阿达马和瓦莱－普桑先后独立证明素数定理

1897 年

黄庆澄在温州创办《算学报》

第一届国际数学家大会在苏黎世召开

1898 年

波莱尔《函数论讲义》出版，奠定测度论基础

1899 年

希尔伯特《几何基础》出版，以严格的公理化方法重新阐述欧几里得几何学，第一次给出完备的欧几里得几何的公理系统，为 20 世纪数学的公理化开辟了道路

1903 年

罗素悖论提出，和布拉利－福尔蒂悖论、康托尔悖论一起，暴露了集合论的基础缺失，导致第三次数学危机

第 三 章

中国古人怎么测时间和角度

中华民族拥有自己独特的历法、纪年、节日庆典，包括计时方式，形成了富有本民族文化特色的时间观念。中国曾创设一套计时体系，包含阴阳合历、君主纪年、天干地支计时和时辰制，并在此基础上形成了丰富的与时间相关的社会礼仪和文化观念，这是传统中国最主要的文化形态，其中的部分内容一直延续到今天，构成中华文化的特色。

中国古人在其漫长的科技实践中，形成了抽象的角度概念，但并没有建立相应的角度计量，他们在不同的领域，用不同的方法解决相应的角度测量问题。在天文观测过程中，中国古人运用比例对应思想测度天体空间方位；在手工业制

造领域，以《考工记》为代表的中国古代技术百科全书则采用构造法解决具体的角度问题；到了明朝末年，《几何原本》等西方著作的引进，让中国人懂得了角度概念，接受了世界通用的 360° 分度体系，了解了角度测量仪器和测量方法，角度计量才在中国建立起来。

◆ 西方地平式日晷

第一节

古代计时：从漏刻到日晷、机械计时

1. 中国古人怎么认识时间

中国古人对时间的认识，有一个不断发展的过程。最早使用的时间单位应当是“日”。太阳是全世界人认识时间的第一个标志物。先秦时期的《击壤歌》唱道：“日出而作，日入而息。”太阳的升与落是一日劳作和休息的标志。由昼与夜组成的一天，则是一年的基本单位。汉字中，“旦”字表示太阳刚刚升起，把“旦”倒过来就是古体字的“昏”。随着先民们认识的深入，白天和黑夜又被细分。《左传》记载“日之数十，故有十时”，这种划分一日为十时的方法，应当和古代传说羲和生了十个太阳相关。后来普遍流行的是一日为十二时辰的分法。

另一种等时制是把一天均分为一百等份，即百刻制，这是中国古代特有的计时法，其产生年代尚无定论。但关于百刻计时的资料，既有文字记载，也有出土文物印证。东汉许慎在《说文解字》中就指出“昼夜百刻”，东汉马融注解《尧典》时说：“古制刻漏昼长六十刻，夜短四十刻；昼短四十刻，夜长六十刻；昼中五十刻，夜亦五十刻。”这里所讲的古制，当指春秋战国时期或更早。汉以后历代都将十二时辰和百刻制配合使用，但一百和十二不可通约，因此，各个朝代的配合方案常有改变。

中国古代人说时间，白天与黑夜各不相同，白天说“钟”，黑夜说“更”或“鼓”，因此有“晨钟暮鼓”之说。古时城镇多设钟鼓楼，晨起（辰时，现在的7点）撞钟报时，所以白天说“几点钟”；暮起（酉时，现在的19点）击鼓报时，所以夜晚说“几鼓天”。夜晚说时间也有用“更”的，这是由

◆ 汉代日晷，中国国家博物馆藏

于巡夜人边巡行边敲击梆子，以点数报时。从酉时（现在的19点）起，巡夜人敲击手持的梆子或鼓，称为“打更”。全夜分五个更，19点至21点一击，为一更；21点至23点两击，为二更；23点至凌晨1点三击，为三更；1点至3点四击，为四更；3点至5点五击，为五更；之后天亮了，不再打更。“夜半”或“半夜”之说一般是泛指，如夜半歌声，没有实指几点时唱，而是指在某一段时间唱；若要实指，就得在“半夜”前后加字，那就有实指了。

如三更半夜，实指了三更。又如过了半夜，实指“过了”，这时就有说法了：夜的一半在什么时间？在正三更处，即子时四刻，就是现在的零点整。另外，古代军队营寨里也有打更的，不过敲击的不是木制的梆子，而是金属的梆子，叫作“金柝”。《乐府诗集·木兰诗》中有“朔气传金柝，寒光照铁衣”的诗句，这里的金柝即刁斗，三足一柄，白天用以烧饭，夜晚用以打更。在“更”之下，有个名叫“点”的专用时间，一更分为五点，差不多是现在的 24 分钟。三更两点，相当于现在所说的深夜 11 时 48 分。

“时”以下的计量单位为“刻”，一个时辰分作八刻，每刻等于现时的 15 分钟。“刻”以下为“字”，一字等于五分钟。关于“字”，粤语地区和闽南语地区至今仍然使用，如“下午三点十个字”，意思是 15 时 50 分。据语言学家分析，粤语中所保留的古汉语特别多，原因是古代中原人流落岭南，与中原人久离，其语言没有同留在中原的人一样“与时俱进”。“字”以下又用细如麦芒的线条来划分，叫作“秒”。秒字由“禾”与“少”合成，“禾”指麦禾，“少”指细小的芒。秒以下无法画出来，只能用“细如蜘蛛丝”来说明，叫作“忽”。如“忽然”一词，“忽”指极短时间，“然”指变，合在一起的意思是在极短时间内有了转变。

一日分为十二时辰，比日大一号的刻度是月。古人很早就认识到了月亮定期的循环变化，把月亮圆缺的一个周期称为一个朔望月，把完全见不到月亮的一天称朔日，定为阴历的每月初一；把月亮最圆的一天称望日，为阴历的每月十五（或十六）。从朔到望，是朔望月的前半月；从望到朔，是朔望月的后半月；从朔到望再到朔为阴历的一个月。一个朔望月为 29 天半，实际上是 29 天 12 小时 44 分 3 秒。出土的西周铜器金文上大量出现初吉、既生霸、既望、既死霸这四种名称。关于它们的含义历来有许多争议，在古代大致有两大类解释：一种是初吉、既生霸、既望、既死霸代表每月某一天或两三天，这叫作定点月相说。另外一种四分月相说则认为周代将一月分四份，每份一个名称。也有学者认为西周将一个朔望月分成两

北京钟楼内大钟

半，上半月称既生霸，下半月称既死霸，而初吉和既望则指新月和满月。另外，还有很多学者认为既生霸、既望、既死霸是一个月三个时段的名称，也是三种月相名，这种说法称为三点三段说。而初吉与月相无关，与其他三个术语有所区别。

日和月因为太阳和月亮的循环变化直接看得到，但认识季节就有一定的难度。四季中古人最先认识的是春天和秋天，这是由于对农业生产来说，春种和秋收是最重要的。甲骨文中到现在还没有发现“夏”字。“冬”字虽然有，但表达的是“终”字的意思。大概因为古人更早熟悉“春”和“秋”的划分，即便在出现了“夏”“冬”后，有些古籍说起四时，也依旧把春秋连起来，把四季说成“春秋冬夏”。最早的一部编年体史书被命名为《春秋》，应当就和这一古老的习惯有关。

“年”是我们生活中很大的时间单位，认识它就更需要对自然进行整体把握的思考能力。汉民族很早就发明了白天用立木测日影的方法，古人用这种简单的方法发现了冬至和夏至这两个重要的时间节点，由此延伸出春分和秋分，在两分两至之上，又发展出立春、立夏、立秋、立冬，最后发展成二十四节气。

中国古人认识一年的另一个途径来自夜晚对星星的观察。经过精密的观测，古人发现头顶的星空中，北极星永远挂在北方，而北斗七星按照季节不断地旋转，日落时，斗勺柄春天指东，夏天指南，秋天指西，冬天指北。聪明的古人于是把星空分成了青龙、朱雀、白虎、玄武四个星区，又在每个星区选出有代表性的七颗星，这就是二十八星宿。如果把一年的时间比喻为一个钟表表盘，那么北极星就是钟表的表芯，北斗七星就是指针，而二十八星宿则是周围的时间刻度。

依靠对于日、月、星的观测，在春秋战国以前中国古人已经建立了对日、月、四季和年的基本认识。其中最体系化、最有代表性的是“七十二候”。“七十二候”把二十四节气的每一个节气一分为三，并按时序分别选

◆ 北京鼓楼曾设“铜刻漏”计时，现依据相关史料仿制后重置

取三种物候编成，每一种物候都是可以作为时间变化标志的自然现象。

发展到这个阶段，中国古人已经通过对天文地理的观察，基本掌握了大自然时间变化的秘密。这些有关时间的知识，对农业生产和社会生活意义重大。一旦清楚了时间循环的链条，古人就可以预先知道大自然即将发生的许多变化，从而有条不紊地安排一年的生产和生活，并从中抽象出敬天顺时、尊重自然、天人合一等思想观念。这些观念构成了我们中国文化最核心的理念，直到今天依旧发挥着重要作用。

2. 古代最古老的计时工具是什么

秦汉“晷仪”目前出土了三具，它们是一种功能不太明确的仪器，兼有定方位、占候等功能。关于晷仪的性质和用法众说纷纭，但应该是源于上古时候“立表测影”的圭表。立一根杆子，杆影在一天中的方位变化，实际上反映了太阳方位的周日变化，利用这一点便可制成日晷，用来测量真太阳时。由此，很容易使人联想到，如果在一个圆盘的中央垂直立一根细棍（晷针），不就成了一个简单的日晷吗？再把圆盘加以改造，按晷针不同时刻在盘上的投影刻上刻度，晴天的时候放在外面便可计时了。

这样想想是很简单，但实际做起来对古人而言却似乎困难重重，以至于又过了1000年，直到南宋，才出现“赤道式日晷”的清楚记载（南宋曾敏行《独醒杂志》，1185年）。这种日晷的晷针垂直于晷面且横穿晷心，晷盘平行于天赤道（也就是说，晷针的延长线正连接着南、北天极），正反面刻度相同。向北的一面用于春分到秋分这半年，余下的时间用向南的一面（春分、秋分时，太阳正好与晷面平行着经过天空，南北晷面皆无影）。晷影在晷面上的方位角和时角相等，因此晷影是落在等分刻度形式的时刻线上。

这里所描述的日晷是用木头做的；后来人们逐渐把木质改为石质的整圆晷面，以抵御风雨侵蚀。

古代保存下来的日晷都在西安，一具是小雁塔日晷，适用于从春分到秋分的夏季半年，算是尚不完善的赤道式日晷，年代约在隋唐（僧一行已描述过赤道式日晷的形态，但未流传下来）；另一具大清真寺日晷，不清楚其用法，是一座可左右旋转的地平式日晷，可能与元明时期中国与阿拉伯文化的交融有关。

另外，元代郭守敬曾创制半球形的仰仪，模仿天球，既能测天，也可用来测时，还能通过小孔投影来观测日食，避免伤害眼睛。但是元代中

西交流通畅，此类日晷在西方十分古老（“球面日晷”的历史可追溯到公元前3世纪），难以确定它的源流。这种仪器后被专门用作太阳时指示器，又称仰釜日晷，有两件类似的日晷分别保存在朝鲜和日本。

本土日晷在中国为什么发展如此缓慢？前面说了，“按晷针不同时刻在盘上的投影刻上刻度”，不就可以成为一个日晷吗？难就难在刻度上。只有当晷面与天赤道平行摆放时，晷针每天在盘上的投影才会均匀地改变方位角，也才能简单地按投影来刻制刻度线。

而其他样式的日晷，最常见的如地平式日晷，确定它的刻度就要用到投影几何知识——这恰恰是中国古代所欠缺的。而赤道式日晷尽管安装比较复杂，但在刻度上则相对简单，因此，中国古代流行赤道式日晷，是很自然的。而这么晚才流行起来，部分可以归咎于天赤道这个概念较为抽象，不能脱离天球而存在；虽然东汉已有浑天说，但是其中不太明确的天球观念要深入人心尚需时日。

古代西方的日晷，样式要丰富得多。这是因为古希腊人对于球面坐标系统，以及这种系统所需要的球面几何学，都已经掌握（今天全世界天文学家统一使用的天球坐标系统，就是从古希腊原封不动继承的）。对于平面几何学，当然更不用说了。古希腊人还掌握了将球面坐标投影到平面上的方法，及这种投影过程中所

◆ 北京故宫博物院慈宁宫前陈设的青铜月晷

◆ 清代铜镀金提环式日晷，北京故宫博物院藏

涉及的几何学原理，特别是关于圆锥截面的知识。因此，古代西方的日晷不但有水平式的“平晷”，还有挂在墙上的“立晷”、面南的“天顶晷”等。这些种类多样的日晷在明末传入中国时被统称为“洋晷”，引起了当时人们极大的学习兴趣。

3. 古代机械时钟的运转原理是怎样的

无论是在中国还是在西方，机械钟最早模拟的都是天球运动，因此也被称为天文钟。从张衡开始有水运“浑象”、浑天仪，它们本质上也是时钟装置。张衡以“漏水”驱动的浑象或浑天仪，能自动与天体的周日视运动同步，并通过“蓂荚”这个报时装置显示历日的推移。蓂荚传说是帝尧时代的一种植物，生长极有规律：每个朔望月的初一开始每天长出 1 荚，到十五共生出 15 荚；从十六开始，它又每天落下 1 荚，到月底，若该月为 30 日，正好全部落完。如逢小月多出 1 荚怎么办？这 1 荚就不会落下来，而是枯焦掉。这样，人们就可以知道每一天是朔望月中的第几天，到月底还能知道本月是大月还是小月。

张衡仪器的主要功能是演示、占候，同时也具备粗略的报时功能。所谓粗略，是指一天只报一次而言，并不意味着不精确。事实上，要准确地推移历日，就得控制好误差累积，需要很高的精度。张衡的仪器可以被视为机械天文钟的始祖。

要使机械天文钟报出更精确的时间，就需要加入擒纵机构（一种机械能量传递的开关装置），周期性地控制、释放动力轮，使后者的连续运动

◆ 宋代计时器——莲花漏

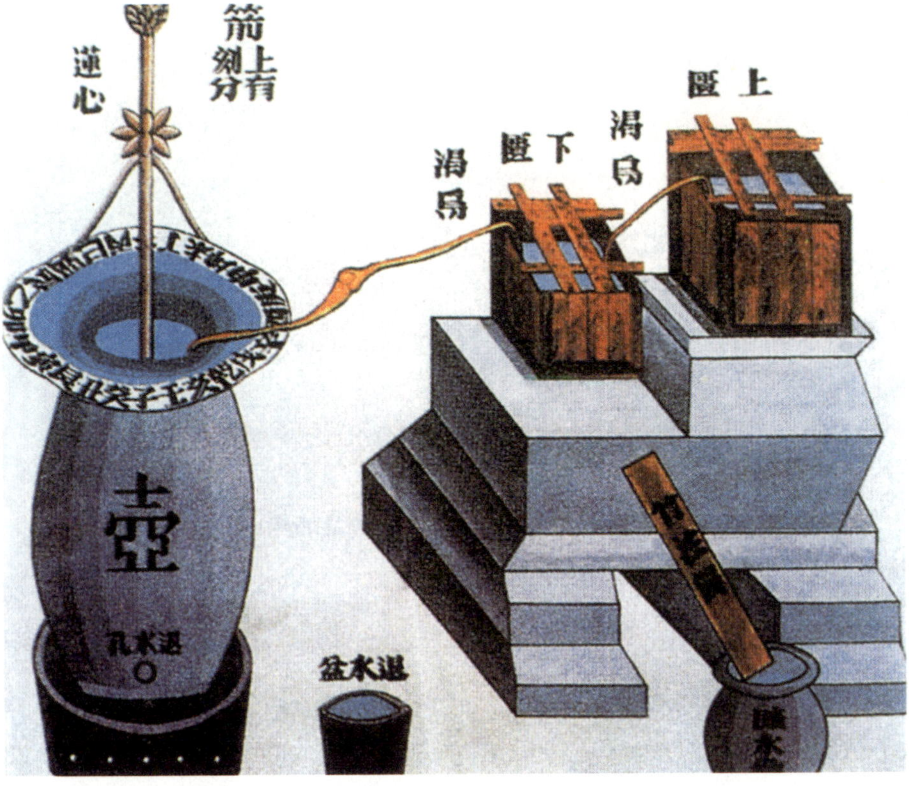

变为可计数的间断运动。11 世纪后期，北宋苏颂的水运仪象台已设计出了水轮的擒纵装置，使均匀的水流依次装满水斗，但是这个擒纵装置本身并不创造等时性，等时性仍然来源于水流的均匀性（吴国盛语）。

这与伽利略以来，基于钟摆的“摆动等时性”制造的机械钟有本质不同。因为单摆的小幅摆动近似简谐振动，周期只与摆的长度及当地的重力加速度有关，后者在地球表面上同一地点通常是不变的。从此以后，计时走上了依靠“稳定的振荡”这一条康庄大道，如立钟、座钟的钟摆振动，后来发展为怀表、手表里的摆轮振动，进而又在 20 世纪 60 年代发展为利用压电效应使石英晶体产生高频的机械振动——这就是今天最流行的民用计时仪器“石英表”。

提高振荡频率是改善精准度的主要途径，机械表在这方面无法与石英表比肩，渐渐变成了纯粹的奢侈品，不再以精度取胜。2017 年出品的一款瑞士表，通过一系列高科技将机械表的振荡频率提高到惊人的 10.8 万次每小时，每天误差仅 1/4 秒——仍远不如普通的石英表准确。

因此在整个古代，或者说在西方钟表传入之前，中国的机械计时在本质上仍是基于“水流均匀性”的漏刻（具体器物名“刻漏”）计时。

4. 古今“一刻钟”有什么不同

西汉中期，武帝刘彻当政，开展了“太初改历”，于是当时呈现了一派繁忙景象：“乃定东西，立晷仪，下漏刻，以追二十八宿相距于四方。”（《汉书·律历志上》）这正是中国传统时间计量的集中体现。

“漏刻”又可分开来讲，“漏”是指装满水的漏壶，“刻”是指一天当中的时间划分单位。“箭”是标有时间刻度的标尺，漏壶里面的浮箭刻度可以显示、计量一昼夜的时刻。根据漏壶或箭壶（详见下文）中水量的均匀变化及水面在箭尺上指示的刻度，就可以计量时间。

这里就产生出了两个大问题：1. 怎么保证水量变化是均匀的？ 2. 如何使浮箭刻度对应一昼夜的时刻？

对第一个问题的解答是多级刻漏，实际上只需要两级。汉武帝初年的浮箭漏由两个漏壶组成：上面是供水壶，下面是受水壶，因壶内装有箭尺，通常也叫作箭壶。箭壶承接从供水壶流下的水，随着壶内水位的上升，安在箭舟上的箭尺也随着上浮，所以称作“（单级）浮箭漏”。

单级浮箭漏只有一个供水壶，要靠人工往供水壶里加水，总得有一定的时间间隔吧？没人能做到往供水壶里面持续地、均匀地加水，一刻不停，因此加水前后的水位就会有较大变化，导致流往箭壶的流量不稳定，因此计时误差较大。

经过多年的实践，人们又在供水壶上面加了一个漏壶，使下面的漏壶在向箭壶供水的同时，不断得到它上面那个漏壶流进来的水的补充，从而使下面这只直接向箭壶供水的漏壶的水位保持稳定，这就是“二级补偿型浮箭漏”。自此，古人已基本上解决了漏壶的水位稳定问题。二级补偿型浮箭漏发明的具体年代已不清楚，可能是在西汉中后期。据唐徐坚《初学记》记载，东汉张衡使用的就是典型的二级补偿型浮箭漏。

当然，理论上，供水壶上面的补偿漏壶，本身也有水位稳定问题，似乎再往上增加漏壶会更好，这就是多级补偿型浮箭漏。于是晋代有了三级漏，唐代出现四级漏，补偿壶最多达到过六个。但实验证明，二级已足够稳定，三级、四级效果不明显，四级以上完全没必要。

第二个问题就比较受文化惯性影响了，它也确实激起了文化碰撞。

在古代中国，从一开始就与漏刻联系在一起的是“百刻计时制”：把一昼夜时间均匀分为一百等份，每份称为“一刻”。百刻制的每刻时间是相等的。东汉许慎在《说文解字》中写道：“漏，以铜受水，刻节，昼夜百刻。”

这与我们今天说的“一刻钟”显然不同。按我们现在的习惯，一昼夜有

◆ 梁武帝萧衍

二十四小时，每小时四刻钟，那就是九十六刻。但如果你以为九十六刻是一种现代习俗，那就错了。实际上，早在南朝梁武帝萧衍当政的时代（5—6 世纪），就曾试图把百刻制改成九十六刻制。（以下参阅江晓原《天学史上的梁武帝》）而这是他决心做一个印度式的佛国君王、把南朝改造成佛国的庞大计划的一部分。

作为一种独立的计时系统，中国传统的“百刻制”原本没有问题，但百刻制与另一种时间计量制度——十二时辰制之间，没有简单的换算关系，从而带来诸多不便。这种不便在梁武帝之前至少已经存在了好几百年——只有汉哀帝时曾改行过一百二十刻——又在梁朝之后继续存在了 1000 多年，直到明末清初西洋天文学传入中国。

为什么梁武帝偏偏想到要改百刻制为九十六刻制？因为他是一位虔信佛教的君主，如用批评的口吻，就是“佞佛”。

梁武帝自登基之后，就开始不食荤腥，并坚持“日止一食，过午不食”这一佛教僧侣的戒律。如遇事务繁多，已经过了正午来不及吃饭，他竟漱漱口就度过这一天。梁武帝既然立志弘法，并且身体力行，在行动上以“僧戒”严于律己，因此对佛国君王的生活方式和作息时间也极力模仿。根据史书《大方广佛华严经》对佛国君王作息的记述，我们可以知道，佛国君王的作息是用印度民用时刻制度——昼夜八时来安排的。虽然印度与中国都是用水漏来计时，但中国刻漏单位是将昼夜分为一百刻，而印度民用时刻制度则分昼夜为八时（或六时）。刻度单位不一致，就不能方便地按照佛经中所讲的正确时刻来行事。因此，在梁武帝看来，将百刻改为与印度八时（或六时）制有简单换算关系的九十六刻是非常必要的。

梁代以后，各代仍恢复使用百刻制，直到明末清初西洋历法入华。西洋民用计时制度为二十四小时制，与中国十二时辰制也相匹配，在这种情况下，九十六刻制又被重新启用，成为清代官方的正式时刻制度。现今通行的小时制度，一小时合四刻，一昼夜正好是九十六刻——这正是梁武帝当年的制度。遥想梁武帝当年，焉能料到自己的改革成果，在一千余年后又会复活？

意味深长的是，梁代和清代两次改百刻为九十六刻，都受到了外来天文学的影响。清代受欧洲天文学的影响，梁代则受到了随佛教传来的印度古代天文学的影响。

◆ 梁武帝为表忠心事佛，四次舍身入同泰寺

知识拓展

中国古代时辰与现代时间的对比

古时候的中国人，将一昼夜划分成十二个时段，每一个时段叫一个时辰，一个时辰刚好是今天的两个小时。从西周起，人们就为每个时辰取了优雅别致的名字，又以地支来表示。每个时辰名，或描绘了天地间一景，或阐明起居作息的道理。

◆ 江苏南京紫金山天文台仪器——莲花漏

【子时】夜半，又名子夜、中夜，十二时辰的第一个时辰（北京时间23时至1时）。

【丑时】鸡鸣，又名荒鸡，十二时辰的第二个时辰（北京时间1时至3时）。

【寅时】平旦，又称黎明、早晨、日旦等，是夜与日的交替之时（北京时间3时至5时）。

【卯时】日出，又名日始、破晓、旭日等，指太阳刚刚露脸，冉冉初升的那段时间（北京时间5时至7时）。

【辰时】食时，又名早食等，古人“朝食”之时也就是吃早饭时间（北京时间7时至9时）。

【巳时】隅中，又名日禺等，临近中午的时候称为隅中（北京时间9时至11时）。

【午时】日中，又名日正、中午等（北京时间11时至13时）。

【未时】日昳，又名日跌、日央等，太阳偏西为日跌（北京时间13时至15时）。

【申时】晡时，又名日晡、夕食等（北京时间15时至17时）。

【酉时】日入，又名日落、日沉、傍晚，意为太阳落山的时候（北京时间17时至19时）。

【戌时】黄昏，又名日夕、日暮、日晚等，此时太阳已经落山，天将黑未黑。天地昏黄，万物朦胧，因此称黄昏（北京时间19时至21时）。

【亥时】人定，又名定昏等，此时夜色已深，人们也已经停止活动，安歇睡眠了。人定也就是人静（北京时间21时至23时）。

第二节

中国古人怎么测角度

1. 古人如何解决角度问题

古代科学首推天文学，会大量涉及角度问题的学科也首推天文学。在今人看来，古代中国天文学的历法制定、天象观测这两项工作都会遇到大量的角度问题，古人是怎么解决的呢？

要测量天空，首先要确定测量的基本单位。中国古人确定的这个单位叫作“度”，我们也习惯上称之为“分度”。

在古人看来，太阳的周年回归现象，是它沿着黄道“逆天”运动的结果——缀满恒星的“天”携带着日月五星每天东升西落；而与此同时，太阳还逆着“天”的转动方向，一点点向东移动，一年后回到原点。你如果有夜观天象的经验，就不难理解：每天黄昏日落后出现的星座总在不断西移，这正是太阳在东行的表现。

太阳这样运行一周，大约需要 365 又 1/4 天。古人根据这一点把黄道分成 365 又 1/4 段，称每一段为一“度”，所以太阳正好“日行一度”，很方便。直到 6 世纪初，清河（今河北清河）张子信为避葛荣之乱隐居海岛 30 多年，才发现太阳和五大行星的周年视运动都不是均匀的，但习惯已经养成，并且推广了：这个 365 又 1/4 的圆可以是黄道，也可以是天赤道，甚至地上的圆周也可以认为它由 365 又 1/4 分度组成。

这种划分圆周的办法，与西方世界一开始就把圆分成 360 份，每份对应圆心角 1° 的做法，看起来很相似，不就差了一丁点吗？确实，把古书上记载的“度”换算成今天通行的“°”，结果往往也差别不大。

但如果只注意到度量结果数字上的相近，可能会产生很大的误解，中国传统的 365 又 1/4 分度不是角度，更不能对应于圆心角。（以下参阅关增建：《传统 365 又 1/4 分度不是角度》。）它是按日行“距离”定义的，因此，本质上是长度单位，从文字学的角度也不宜理解成角度。《汉书·律历志》里说：“度者，分、寸、尺、丈、引也，所以度长短也。”即这五种长度单位都叫“度”。什么叫度量衡呢？“人以度审长短，以量受多少，以衡平轻重”（《尹文子·大道上》），可见“度”的本意就是针对长短而言。

有没有更直接的证据呢？有的。

西汉年间，天文学领域爆发了所谓“浑盖之争”。“盖天说”认为天地是两个平行平面，而“浑天说”认为天是个球，天包着地。文学家兼天文学家扬雄起初赞成盖天说，后来在别人劝说下，才认识到盖天说有严重漏洞。

按盖天说理论，苍穹是一块平板，中央是北天极，二十八宿分布于四周。牵牛位于北极的北面，东井位于南面，正好在一个

◆ 北京古观象台天文仪器——黄道经纬仪

◆ 西汉文学家兼天文学家扬雄认识到盖天说有严重漏洞

圆周的直径两端。从测量结果知道，牵牛在北极北面 110 度，东井在北极南面 70 度，那么它们之间的“直线距离”就是 180 度。当时人们常用的圆周率是“周三径一”，那么周长就该是 540 度，为什么测量结果却是 360 度（这里扬雄省略了“又 1/4”）？扬雄用两种测量结果之间的关系揭示了牵牛、东井与北极并不在一个平面圆形上，从而指出了盖天说内在的矛盾。而他在这样做的时候，是直接用“周三径一”来处理度与度之间的关系的，所以，显然，两者指的都是长度。

后来的浑天家，在分度思想上继承了盖天说固有的那一套，只不过把“天球”的圆周分为 365 又 1/4 分度了。度的内涵没变，依然是长度。如三国时期的陆绩提出“天形如鸟卵”的主张，认为天的形状不是正球，而是像鸟蛋那样的椭球。而同为浑天家的王蕃则反对这种看法，他认为如果天是椭球形，那么黄道应该长于赤道，它的度数也就应该多于赤道的度数，可是仪器观测的结果表明度数一样，说明周长也一样，所以天形应该是个正球。显然，这里所讲的“度”依然只能是弧长。

中国古代的这种“分度”方法，对确定天体空间方位是有效的，但古人没有将知识整合到“科学”体系的观念，才阻滞了其他分度方法的产生，导致角度概念的不发达。这种不发达，既表现为没有明晰的、普遍化的角度概念，也表现为在表示某个具体的天体方位时，古人常用长度表示角度。例如，《宋史·天文志》对 11 世纪中叶超新星的爆发事件是这样记载的:“……至和元年五月己丑，出天关东南可数寸，岁余稍没。”这里的“数寸”就是长度单位。

尽管 365 又 1/4 分度的产生是基于比例测度思想，但分度一旦确定，圆弧上的每一段都与一定的圆心角相对应，用浑仪进行测量得到的结果实际上等价于角度测量。所以，在讨论古人的观测结果时，可以直接把他们的记录视同角度。由于它的分度不齐，数字繁复，因此只适用于实际观测，不利于几何理论的发展，很少见到用于天文观测以外的语境中的情况。真正既实用又利于理论推演的 360° 分度方法，还是随着明末（16 世纪晚期）“西学”的传入才得以在中国扎根。

◆ 西汉二十八宿星盘（复制件），上盘周围带有 365 个小孔，是中国古代采用的一周天的度数；下盘标有二十八宿的名称和各宿的距度

2. 古人用什么方法测量角度

天文测量总需要一套单位体系，尽管传统的 365 又 1/4 分度不是角度，却也可以用来表示天体的空间方位。古人如何用这套实质是长度单位的体系做天文测量呢？答案就是“比例测量”的原理。

天体在天上做圆周运动，把这个圆周的周长分成 365 又 1/4 段，每段叫作 1 个“度”。如果把天上的大圆周“对应”地缩小到地面的仪器上，把仪器中每一个圆环的周长分成 365 又 1/4 段，每段也叫 1 个“度”，只要测量方法得当，那么天上天体间彼此相距的度数，就可以通过地上的仪器相应的圆环上的度数读出来了。

于是，对天空的测量就相当于一种“变换”：在地上作一个与天上圆周对应的圆，用瞄准的办法，把天体在天上圆周上的位置对应到地上的圆上，然后读地上圆周上对应的读数，便知道了天上天体间的度数。

不论是盖天说还是浑天说，在测量方面采用的都是上述办法。

先看盖天说。《周髀算经》“立二十八宿以周天历度”记载的测量方法，使我们得以窥见中国天学发展早期，人们是如何测度天体彼此间的相对位置的。按照这种方法，测量前需要做一系列准备工作，目的是建立测量的单位体系。这一体系是按照比例对应的思想建立起来的：天体的运行，做的是圆周运动，将其周长分成 365 又 1/4 段，每 1 段就是 1 度，要对其进行测量，就需要将这种运动缩映至地面，在地面上也画一个圆，将圆周也按 365 又 1/4 份划分，这样地面圆周的每一段也被称作 1 度。测量时，通过瞄准的方法，把不同天体在天空圆周上的位置对应标示到地面的圆上，这样，只要看一下地面圆周上不同标示点之间所对应的度数，就可以知道其在天上相距的度数。

显然，这样的测量方式，是建立在比例对应的思想基础上的，可称其为比例对应测度思想，它能大致测得二十八宿彼此相距的度数——虽然实

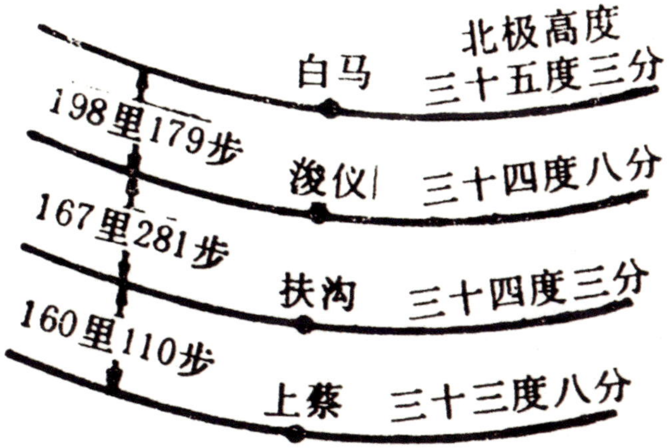

◆ 唐代子午线测量点示意图

际上测到的是二十八宿依次转到正南方时的地平方位角，而非赤经差。

根据《周髀算经》的宇宙结构模式，这样的运动“缩映”到地上，当然得在平地上画圆。但严格地说，按《周髀算经》的宇宙图景，这样的比例对应测量必须在“极下”（北极之下大地上直径为23000里的特殊圆形区域）进行，得出的结果才完全准确，而这实际上是做不到的。

浑天家们改用浑仪观测天体，就得在浑仪的圆环上分度，同时也仍承袭了《周髀算经》的比例缩放测量法——它所面对的问题也一样，即浑仪必须放在天球的中心。浑天家一般认为大地是圆的，天球的中心自然落在了圆形大地的正中央——“地中”，只有在那里做的浑天测量，才完全准确。

“幸运”的是，不同于北极“极下”，“地中”虽有洛阳、阳城等不同说法，却总归是很容易到达的地方。但这种幸运只是表面现象，它导致了从汉到唐，天文学家们孜孜不倦地想出各种办法去求那个子虚乌有的“地中”。我们以为唐代僧一行测量了地球子午线，实际上他并无此种观念，他的目的是“测天下之晷，求其土中，以为定数”。对“地中”的求索，就这样代替了原本可能发生的角度概念的进化。

（本章执笔：毛丹博士）

中外科学技术对照大事年表

（远古到 1911 年）

物理学

中　外

约公元前 700 年

考古发现了亚述约公元前 700 年的石英透镜，这是历史上关于透镜的最早遗存

公元前 300 年左右

欧几里得在《光学》中发展了最初的几何光学——视觉透视理论

13 世纪末

赵友钦做系统的小孔成像实验

1600 年

吉伯《论磁石、磁体和地球大磁石》出版，这是第一部系统阐述磁学的专著

1621 年

斯涅耳提出光的折射定律，使几何光学的精确计算成为可能

1632 年

伽利略提出力学相对性原理

1650 年

居里克发明抽气机，1654 年演示马德堡半球实验

1653 年

帕斯卡提出流体压强传递定律

1814 年

贝采里乌斯发表第一张原子量表

1815 年

菲涅耳在惠更斯原理基础上补充了次波相干叠加原理，形成惠更斯 - 菲涅耳定律，圆满解释了光的衍射

1820 年

安培提出安培定则、电流相互作用定律

1824 年

卡诺循环和卡诺定理提出，理论上为热力学第二定律建立提供了基础，实践上为汽油机、柴油机、燃气轮机等各类热机的发明提供了指导

1826 年

欧姆定律提出

1831 年

法拉第发现电磁感应现象，掀起发明浪潮，发电机、变压器、电灯、电话、电报、电力机车等相继发明

1840 年

焦耳定律提出

公元前 3 世纪

阿基米德发现了浮力定律和更基本的液压原理，他还设计制造了起重设备、投石机、天体运行模型、螺旋水泵等

785—786 年

第四代哈里发有计划地派遣使者到各地（包括拜占庭）高价收购手稿，翻译运动渐入高潮，亚里士多德的《物理学》及其众多希腊文评论在此时被翻译成阿拉伯文

10 世纪末—11 世纪初

海什木（Ibn al-Haytham）著《光学汇编》，12 世纪被译成拉丁文后成为欧洲近代光学基础

11 世纪初

伊本·西拿（Ibn Sina，拉丁文形式作阿维森纳，Avicenna）发展了 6 世纪费劳庞诺斯（John Philoponos）的运动理论，提出若无其他阻碍（如真空中），运动可无限持续

1687 年

牛顿出版科学巨著《自然哲学的数学原理》，提出了万有引力定律，奠定了经典力学体系和近代科学的基础

1704 年

牛顿《光学》出版，第一篇是几何光学和颜色理论，推翻了日光是白色的理论，并改进了望远镜结构

1743 年

达朗贝尔引进开普勒首先提出的“惯性力”概念

1785 年

库仑定律提出

1788 年

拉格朗日《分析力学》出版，用广义坐标和变分法建立了一套同牛顿向量力学等效的代数（分析）表达式

1800 年

托马斯·杨提出光的干涉概念，次年做杨氏干涉实验，证明光的波动性

1845 年

法拉第发现磁致旋光效应（法拉第效应）和抗磁性，前者是人类第一次认识到磁和光之间的关系

1846 年

郑复光著光学著作《镜镜诊痴》，把西方和中国旧有光学知识加以系统化，详尽说明望远镜、放大镜和各种透镜的制造应用原理

1848年

汤姆孙（开尔文勋爵）提出绝对温度和绝对温标

1850年

焦耳《论热功当量》发表

克劳修斯提出热力学第二定律，否定第二类永动机的可能性

布拉维提出晶体空间点阵学说，首次将群的概念应用到物理学，为固体物理学做出奠基性贡献

1852年

张福僖、艾约瑟在中国翻译出版《光论》，首次把光的直线传播概念、反射和折射定律、全反射现象、光速及其测定、色散和太阳光谱等知识介绍到中国

1859年

古斯塔夫·基尔霍夫从热平衡原理导出关于物体辐射能力的基尔霍夫定律，次年提出“绝对黑体”概念

1873年

史密斯发现硒的光电导效应，可利用该效应制成光敏电阻等光电器件

麦克斯韦《电磁通论》出版，全面总结电磁理论，预言了电磁波的存在、电磁场波动性和其他性质

1880年

居里兄弟发现压电效应，压电材料有广泛的工程应用，在飞行器设计中占重要地位

1883年

发现爱迪生效应（热电子发射），后来根据此效应发明了电子二极管

马赫《力学及其发展的批判历史概论》出版，成为19、20世纪之交物理学革命的先声

1884年

阿伦尼乌斯提出电离学说，该学说是物理和化学之间的桥梁

1887年

赫兹发现电磁波并观察到光电效应

1907年

爱因斯坦发表《论相对性原理和由此得出的结论》，提出等效原理，这是后来广义相对论的基本出发点

1908年

盖革发明α粒子计数器（改进后称为盖革－米勒计数器）

1911年

卢瑟福提出核式原子结构模型

密立根油滴实验完成，发现电子的电荷量，为科学理论提供了一个基本常量，敲开基本粒子世界之门

昂内斯发现低温超导现象

1861年

麦克斯韦发表《论物理力线》，提出非传导电流的“位移电流”（实为变化的电场）概念，揭示出变化的电场能产生磁场

1865年

克劳修斯提出熵的概念和熵增原理，标志着热力学第二定律具有了严格的理论基础且可计算

1866年

跨大西洋海底电缆铺设成功，跨洋洲际通信网络建设开始

1868年

玻尔兹曼提出确定物质系统的粒子数目按能量分布的规律，即玻尔兹曼分布定律

1869年

亥姆霍兹研制出LC振荡电路，是无线电电子技术发展的基础

1871年

麦克斯韦提出针对热力学第二定律的“麦克斯韦妖”佯谬，1929年由齐拉给出正确解释

1892年

洛伦兹建立经典电子论

1895年

马可尼利用电磁波实现远距离传送，取得无线电报专利

伦琴发现X射线

1896年

贝克勒耳发现天然放射性

1897年

布劳恩发明阴极射线管

汤姆孙发现阴极射线粒子（后来称为电子）

1898年

威尔逊发明云室，它是早期原子核、基本粒子实验中观测微观粒子径迹和发现新粒子的重要仪器

1900年

普朗克提出量子论，导出黑体辐射的能量按波长分布的普朗克公式，与黑体辐射实验所得数据精确相符

1904年

弗莱明发明能用于交流电整流和无线电检波的电子二极管，即现在所称的真空二极管或电子管

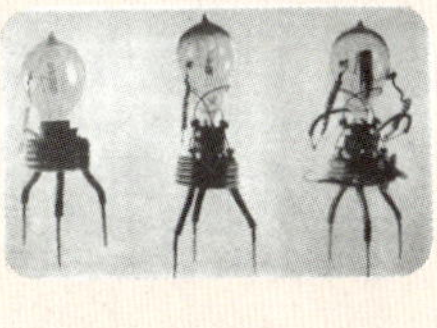

1905年

爱因斯坦提出光子说，创立狭义相对论，质能关系是其重要推论

1906年

德福雷斯特发明真空三极管

皮卡德发明（硅）晶体检波器，它是第一个半导体二极管和第一个固态电子元件

能斯特提出热力学第三定律

食物本草
丹参
王孫
紫参
紫草
淫羊藿
玄参
地榆
仙茅

第 四 章

中国古代博物学

博物学的内容是从宏观层面了解外部世界，包括自然观念、描述和分类方法、实用知识和技能、对自然事物生克与演化的了解等。博物学与普通人的日常生活紧密相关。它总是伴随人类的好奇心，强调个体知识、情感与价值观的融合。

博物学在中国传统文化中虽无其名，实有其实，在若隐若现之间，这样一个传统其实是存在的。在中国儒家经典中，博物学精神有很充分的体现。孔子曰："小子何莫学夫诗？诗可以兴，可以观，可以群，可以怨；迩之事父，远之事君；多识于鸟兽草木之名。"（《论语·阳货》）

古代中国的博物学传统，当然不限于“多识于鸟兽草木之名”。体现这种传统的典型著作，首推晋代张华《博物志》。书名中的“博物”二字，意思一目了然。《博物志》的内容，大致可分为如下几类：一、山川地理知识；二、奇禽异兽描述；三、古代神话材料；四、历史人物传说；五、神仙方伎故事。这五大类，完全符合中国文化中的博物学传统。这个传统中敬畏自然、与自然和谐相处的理念，恰恰可以用来矫正当代唯科学主义理念带来的对自然界疯狂征服、无情榨取的态度。在这方面，这个传统与当代的环境保护、绿色生活等理念都能直接相通。

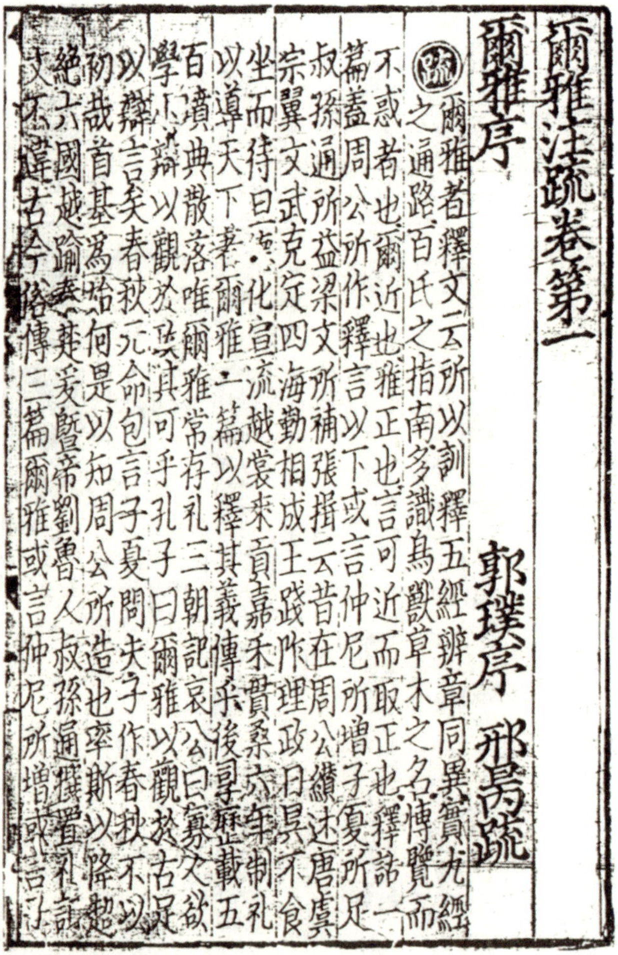
爾雅注疏卷第一

爾雅序　郭璞序　邢昺疏

疏 爾雅者釋文云所以訓釋五經辨章同異實九經之通路百氏之指南多識鳥獸草木之名博覽而不惑者也爾近也雅正也言可近而取正也釋詁一篇蓋周公所作釋言以下或言仲尼所增子夏所足叔孫通所益梁文所補張揖云昔在周公纘述唐虞宗翼文武克定四海勤相成王踐阼理政日昃不食坐而待旦德化宣流越裳來貢嘉禾貫桑六年制礼以導天下著爾雅一篇以釋其義傳乎後嗣歷載五百墳典散落唯爾雅常存礼三朝記哀公曰寡人欲學小辯以觀於政其可乎孔子曰爾雅以觀於古足以辯言矣春秋元命包言子夏問夫子作春秋不以初哉首基為始何是以知周公所造也率斯以降超絕六國越踰秦楚爰暨帝劉魯人叔孫通撰置礼記文不違古今俗傳三篇爾雅或言仲尼所增或言子

◆《尔雅注疏》第一卷。晋代郭璞撰，宋代邢昺疏，元代刻本

第一节

中国古代博物学文化

1. 古代博物学研究什么

中国古代有相当发达的博物学文化，上至宫廷，下至市井乡野，博物学与中国人的生存方式紧密联系，从《诗经》《博物志》《南方草木状》到《梦溪笔谈》《救荒本草》《本草纲目》，甚至在《红楼梦》《闲情偶寄》中，都能切身感受到浓厚的博物学气息。发达的博物学甚至可以用来部分解释中国为什么成为源远流长、文明从未中断的唯一国家。

◆ 明代李时珍著《本草纲目》插图

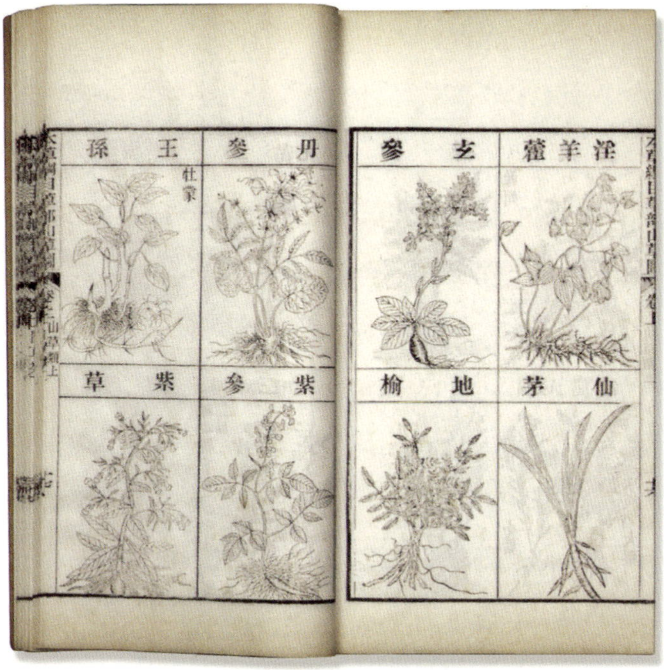

中国古代博物学的相关研究工作范围非常广，它可以包含科学史家和历史学家不太注意的小东西、小事情，研究者们也不必要一味地为古代中国人发掘各种“世界第一”的成就，而是

着眼于生活史和文化史，尽可能从当时人们的实际生活需要出发，重建古代社会的认知与生活场景。

2. 中西博物传统有什么异同

今天中文里的“博物学”一词，学者们认为对应的英语词语是Natural History，在中国传统文化中并无现成对应词语。中国传统文化中原有“博物”一词，与“自然史”当然并不相同，甚至还有着相当大的区别，但是在“搜集自然界的物品”这种最原始的意义上，两者确实大有相通之处，因此以“博物学”对译 Natural History 一词是可以的，而且已被广泛接受。

已故中国科学史前辈刘祖慰教授曾说:“古代中国人处理知识，如开中药铺，有数十上百小抽屉，将百药分门别类放入其中，就心安了。”刘教授这句话的言外之意，就是说明为什么中国人不致力于寻求“世界为什么是这样的”的道理。

与此相对，西方的分析传统致力于探求各种现象和物体之间的相互关系，试图以此解释宇宙运行的原因。自古希腊开始，西方哲人即孜孜不倦建构各种几何模型，想用来说明宇宙如何运行，其中最典型的代表，就是古希腊托勒密的宇宙体系。

比较两者，差别即在于: 古代中国人主要关心外部世界“如何”运行，而以希腊为源头的西方知识传统（西方并非没有别的知识传统，只是未能光大而已）更关心世界“为何”如此运行。在线性发展无限进步的科学主义观念体系中，我们习惯于认为“为何”是在解决了“如何”之后的更高境界，因此西方的分析传统比中国的传统更高明。

然而考察古代实际情形，如此简单的优劣结论未必能够成立。以天文学为例，古代东西方世界天文学的终极问题是共同的: 给定任意地点和时刻，计算出太阳、月亮和五大行星（七曜）的位置。古代中国人虽不致力于建立几何模型去解释七曜“为何”如此运行，但他们用抽象的周期叠加（古代巴比伦也使用类似方法），同样能在足够高的精度下计算并预报任意给定地点和时刻的七曜位置。而通过持续观察天象变化以统计、收集各种天象周期，同样可以将它视为富有博物学色彩的活动。

博物学没有复杂的理论结构，它的专业训练也相对容易，至少没有天文学、物理学那样的数理门槛，所以和一些数理学科相比，博物学可以有更多的自学成才者。

在许多人心目中，画画花草图案，做做昆虫标本，拍拍植物照片，这类博物学活动，和精密的数理科学是无法同日而语的。博物学显得那么初级、简单，甚至幼稚。

这种观念，实际上是将“数理程度”作为唯一的标尺，来衡量一切知识。但凡能够使用数学工具来描述的，或能够进行物理实验的，那就是“硬”科学。使用的数学工具越高深越复杂，似乎就越“硬”；物理实验设备越庞大，花费的金钱越多，似乎就越“高端”，越“先进”……这类观点最典型的代表，就是近代英国著名物理学家、原子核物理之父卢瑟福(Ernest Rutherford)，他曾说过这样一句妄言:“所有的科学不是物理学，就是集邮。”这显然是不正确的。

实际上，现代天文学家们的研究工作中，仍然有绘制星图、编制星表以及为此进行的巡天观测等活动，这些活动和博物学家“寻花问柳”，绘制植物或昆虫图谱，本质上是完全一致的。

如果我们摆脱了科学主义的语境，则西方模式的优越性将进一步被消解。在这样的认识中，我们以前所坚信的外部世界的客观性已经不复存在。既然几何模型只不过是对外部世界图像的人为建构，那么古代中国人干脆放弃这种建构直奔应用（毕竟在实际应用中我们只需要知道七曜“如何”运行），又有何不可？

传说中“神农尝百草”的故事，也可以在类似意义下得到新的解读：“尝百草”当然是富有博物学色彩的活动，神农通过这一活动，得知哪些草能够治病，哪些不能，然而在这个传说中，神农显然没有致力于解释“为何”某些草能够治病而另一些则不能，更不会去建立“模型”加以说明。

◆ 北宋《本草图经》中关于仙人掌的记载

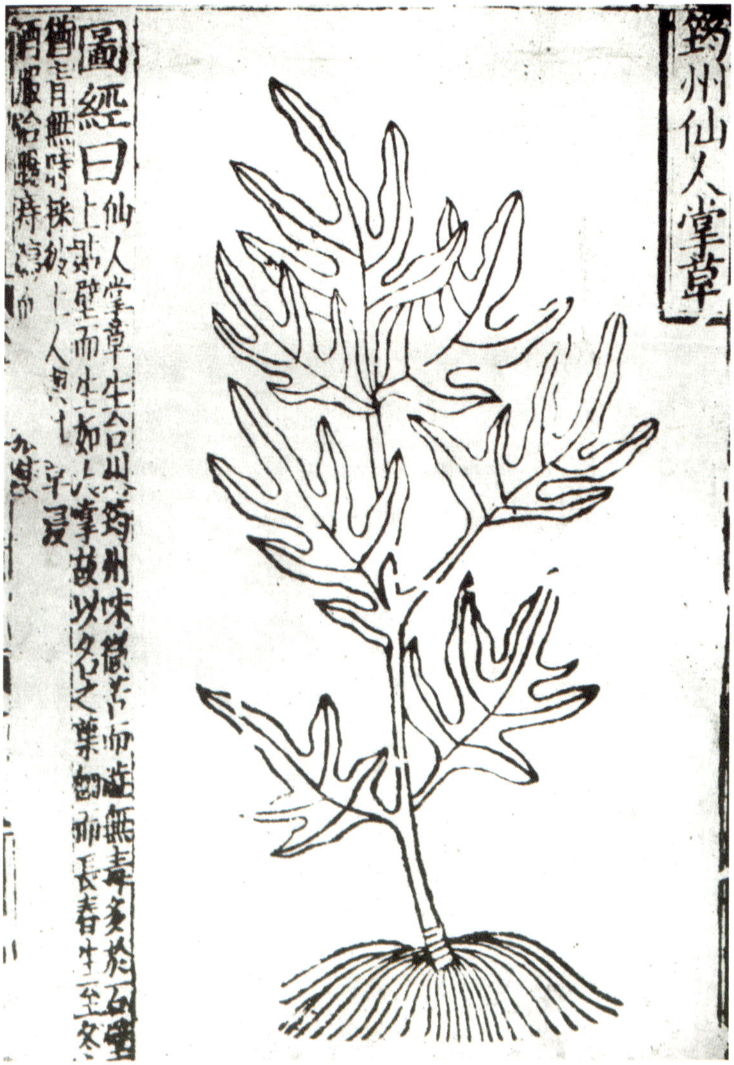

第二节

中国古代博物学名著

中国古代不缺优秀的博物学著作，我们可以轻松列举出许多。由于篇幅所限，这里收缩了博物学的语义，只列举与植物相关的部分做讨论。

1. 百科辞书《尔雅》

《尔雅》是中国第一部按义类编排的综合性百科辞书，成书于战国末年至西汉初年之间，它除了是训诂学的始祖和读懂古籍的钥匙外，还通过丰富的词汇完整展现了中国古代“生活世界”的图景。

《尔雅》是重要的博物学文献，它清晰地总结了古典文献对“生活世界”方方面面的描述，包含大量知识，反映了当时的社会结构和知识体系，是后人理解古代世界的地理、社会结构、自然知识、实用技艺的重要文献。今人可以分别从社会、天文、地理、植物、动物等方面来重新理解《尔雅》各部分包

◆ 《尔雅》，中国最早的解释经典词义的专著，中国茶叶博物馆藏

含的知识，也可以像考古学家、人类学家那样尽可能身体力行地还原当时的分类观念。《尔雅》第一次把植物分为草、木两大类，在对各类植物进行排列时，有些植物还反映了类似现代生物学中“属”的分类概念，表明古代中国人对植物观察的细致和认知的提高。

2. 本草学之《神农本草经》

《神农本草经》，也称《神农本草》《本草经》或《本经》，是中国较早的药学、博物学著作，是中医药理论体系确立的四大标志之一，具体作者不详。“神农”一般指炎帝，相传三岁知稼穑，是中国古代农业的推动者、医药始祖，民间也流传着“神农尝百草”的传说。“本草”的意思是“以

◆ 《神农本草经合注》

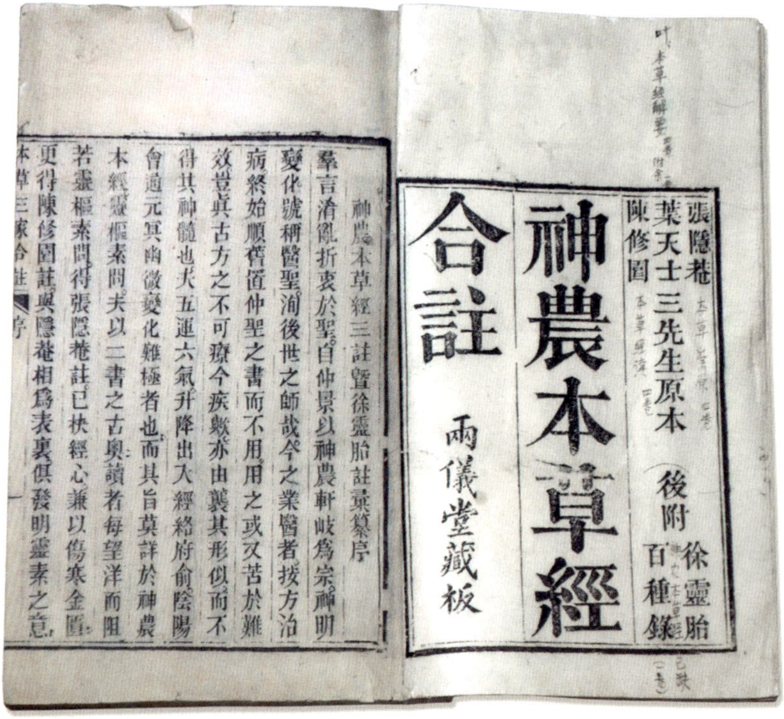

草为根本的药物”，可引申为“以植物为主的各种药物”，或泛指“可以入药的任何东西”。

《神农本草经》序录提到的全书药物分类体系和种数，不同于《尔雅》和《周礼》的高度人为的人类体系，最能反映中国古代博物学的特征。虽然从现代科学的角度来看，有些描述根据不足甚至荒唐，但可以展示出中国古人如何思考，如何生存，以及如何处理人与自然的关系，如何解决生活中遇到的各种具体问题。此外，书中所载药物真实可靠，开创药物分类先河，记载了药物的疗效、产地、加工等信息，规定了药物的剂型，强调辨证施药。综上所述，《神农本草经》在思想史、文化史及科学史方面都有较高的价值。

3. 区域植物学之《南方草木状》

《南方草木状》是一部较为纯粹的植物学著作，传说作者为晋代的嵇含。嵇含（262—306）是“竹林七贤”之一嵇康（224—263，一说 223—262）的侄孙。全书共三卷，讲述了岭南植物，分草、木、果、竹 4 类，其中草类 29 种，木类 28 种，果类 17 种，竹类 6 种，对植物的形态、来源、用途都进行了较为完备的描述。

在分类上，《南方草木状》真正突破了本草学的限制，更接近于“自然分类”体系，很有现代植物志的特点，可以说是“中国最早的植物学专著”。全书在文字表述上简明、自然、洒脱，同时又强调地方性、实用性和地区对比。

书中生动地叙述了用柑蚁进行生物防治的一个经典案例：“交趾人以席囊贮蚁鬻于市者，其窠如薄絮囊，皆连枝叶，蚁在其中，并窠而卖。蚁赤黄色，大于常蚁。南方柑树若无此蚁，则其实皆为群蠹所伤，无复一完者矣。”用蚂蚁来控制果树病害，且此法还已经商品化，这是件非常了不起的事情。这篇文字可能是世界上最早提及生物防治的文献。

当然，并非只有中国古人发现了这类聪明的生物防治方法，其他地区的居民也积累了类似的适合自己地区的博物学智慧。这类博物学生存智慧的产生是与农业文明相匹配的，它与后来基于实验室的还原论科学技术在思维方式上完全不同，是极为具体的、经过充分检验的、具有地方性的重要实用技艺。

4. 综合性农书之《齐民要术》

北魏贾思勰所著《齐民要术》是世界上第一部被完整保存下来的综合

◆ 《齐民要术》是我国现存最早、最完整的古代农学名著

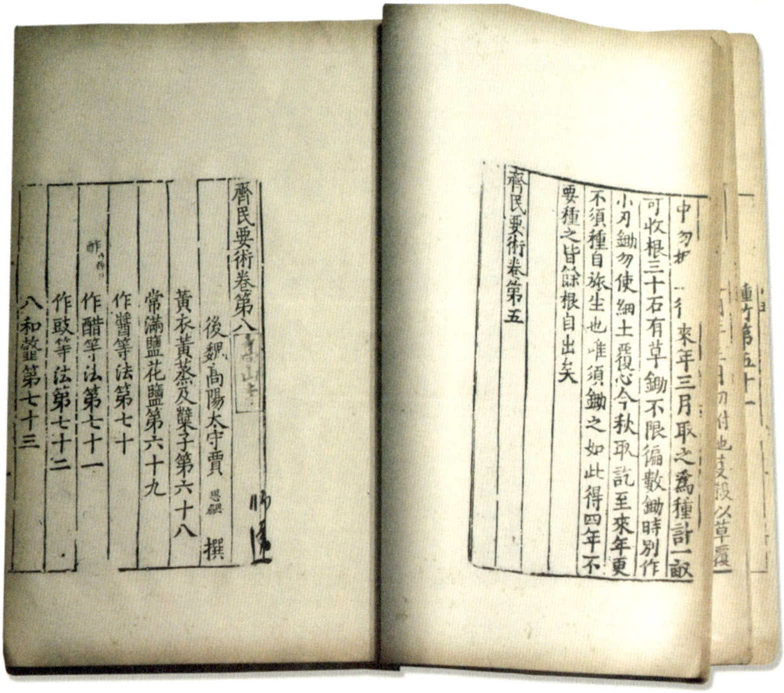

性农书。“齐民”指平民百姓，“要术”指谋生的重要方法、手段。书名的意思是平民百姓生产生活的基本方法。该书是非常实用的农书，它在强调天时、地利、人力要素组合的前提下，详细总结了6世纪北方精耕细作农业的各种经验，其农业思想主要是顺应大自然的节律，这对现代人也有启示意义。这里的农业是广义的，包括农、林、牧、渔、副。书中资料主要来源于历代文献中的农业相关文本、民间的农业谚语、老农和行家的经验和亲身验证（“*采捃经传，爰及歌谣，询之老成，验之行事*”）。

《齐民要术》之后，中国古代最重要的农书是《王祯农书》和《农政全书》。前者兼论南北，在农田水利和农器图谱方面有特殊贡献；后者为明末徐光启所撰，是中国历史上体量最大的一部农书，内容远远超出农业生产技术的范畴，涉及经济政策和政治安定等。

◆ 《农政全书》可以列入博物学著作

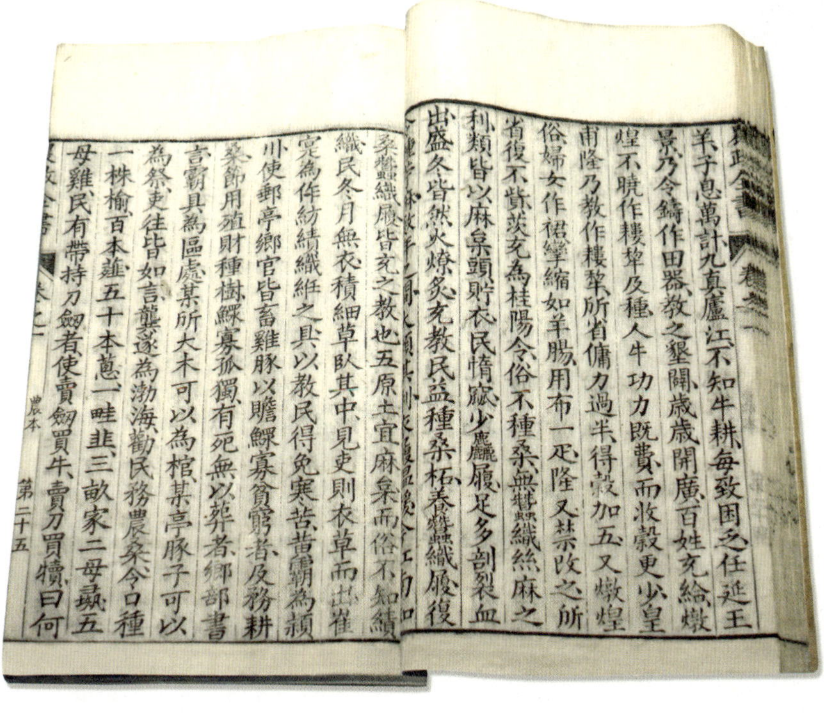
羊子息萬計九真廬江不知牛耕每致困乏任延王
景乃令鑄作田器教之墾闢歲歲開廣百姓充給燉
煌不曉作耬犂及種人牛功力既費而收穀更少皇
甫隆乃教作耬犂所省傭力過半得穀加五又燉煌
俗婦女作裙攣縮如羊腸用布一疋隆又禁改之所
省復不訾茨充為桂陽令俗不種桑無蠶織絲麻之
利類皆以麻枲頭貯衣民惰窳少麤履足多剖裂血
出盛冬皆然火燎炙充教民益種桑柘養蠶織履復
桑蠶織履皆充之教也五原土宜麻枲而俗不知績
織民冬月無衣積細草臥其中見吏則衣草而出崔
寔為作紡績織絍之具以教民得免寒苦黃霸為穎
川使郵亭鄉官皆畜雞豚以贍鰥寡貧窮者及務耕
桑節用殖財種樹鰥寡孤獨有死無以葬者鄉部書
言霸具為區處某所大木可以為棺某亭豚子可以
為祭吏往皆如言龔遂為渤海勸民務農桑令口種
一株榆百本薤五十本蔥一畦韭家二母彘五
母雞民有帶持刀劍者使賣劍買牛賣刀買犢曰何
農政全書 卷之二 農本 第二十五

5. 野菜之书《救荒本草》

民以食为天，由于种种原因，当百姓的粮食不够吃的时候怎么办？图文并茂的《救荒本草》就是解决这个问题的，它在古代属于“荒政”的范畴，利用这部书，可以采集、加工野生植物的各部分用以保命，进而维护社会安定。《救荒本草》的作者朱橚（1361—1425），是明太祖朱元璋的第五子，明成祖朱棣的同母弟弟，因身份所限，无法随意外出考察植物，因此从外引进乡野植物栽种至花园中，形成一个微型植物园，进而观察与研究。

《救荒本草》成书于永乐四年（1406 年），全书收录可食植物 414 种，以图为主，文字描述为辅，用图幅面大且绘制精细。它的价值体现在多个方面：亲自观察，描写简明准确，实证性较强；注重实用，图文密切结合，在科学传播方面有突破；作为重要的经济植物学著作，被国内外多部植物学著作引用或节录，日本的著名植物学著作《本草图谱》和《植学启源》也都受到过该书的影响。

◆《救荒本草》插图

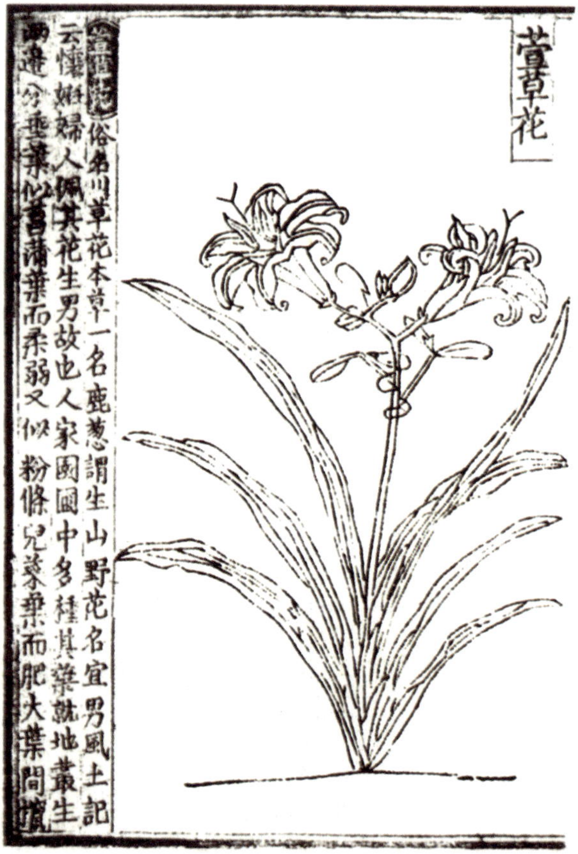

6. 纯粹植物学之《植物名实图考》

清代吴其濬（1789—1847）撰写的《植物名实图考》是中国古代最纯粹的植物学专著，与以往的本草学著作相比，它的突出特点是以描述植物本身为主要任务，弱化人类对植物的使用。全书共 38 卷，收录植物 1714 种，共分 12 类：谷类、蔬类、山草类、隰草类、石草类、水草类、蔓草类、芳草类、毒草类、群芳类、果类和木类。书中附插图 1000 余幅，绘制精美，十分有助于识别植物。

《植物名实图考》实证性强，描述准确；更多地引用了地方志材料，使得所述内容更加具体，可核验；突出第一人称的记述和议论，保存了作者的思想面貌，且读来不觉枯燥。

7. 与西方近代科学接轨的《植物学》

清代学者李善兰（1811—1882）等人依据英国植物学家林德利（1799—1865）的著作《结构、生理、系统、药用植物学要义：植物学第一原理纲要第四版》（英文名 *Elements of Botany, Structural, physiological, Systematical, and Medical: Being a Fourth Edition of the Outline of the First Principles of Botany*）创译了《植物学》一书，首次将Botany译作“植物学”。

《植物学》一书在近代科学史和科学传播史上有重要地位。书中系统讲述了植物的形态学、分类学、解剖学、生态学等多方面的知识，中国植物学的现代篇始于此书。此外，这本书还确定了科、细胞、萼、瓣、须、心、心皮、子房、胎座、胚、胚乳等专业术语，与西方科学的相关术语建立起了直接对应关系。

此外，《植物学》一书共 8 卷，自然神学的思想巧妙地镶嵌在通俗的植物学知识当中，贯穿正文内容的始终，这可能是受到了近代西方植物学的自然神学传统的影响。也因此，在理解《植物学》这部著作的时候，我们不能将其中的科学与自然神学分离开来，而应该把它作为当时文化的一种复杂混合体来看待，从而在思维中重构19世纪中叶的社会现场，理性、公正地评价这部作品。

◆《植物学》的译者李善兰

本节只简要介绍了博物学视角下与植物有关的若干博物学名著。这些著作类型多样，多数强调实用性，也有少量具有纯粹植物学的特征，其中的描述和知识有些是不可靠的，但它们基本上来源于生活实际，有扎实的经验基础，极少玄想臆造，并代代传承，不断积累，稳步扩展，着眼于为中华民族各阶层民众的日常生活服务。

综合起来考虑，中国古代鸟兽草木之学连绵不断，作为一种博物学传统构成了特有的文化遗产，如今它具有世界文化意义，会受到越来越多的关注，它们对于未来中国社会的发展也必然有参考价值，毕竟任何一种文明都不能脱离自己的传统。

科学问答

中国传统博物学在当下有什么用处

中国传统博物学是一门能够容忍怪力乱神的学问，在当下社会，它过时了吗？

并没有。一个能够容忍怪力乱神的传统博物学，可以在某种程度上充当消解唯科学主义的解毒剂。

“当代科学”——当然是通过当代“主流科学共同体”的活动来呈现——对待自身理论目前尚无法解释的事物，通常只有两种态度：

第一种，坚决否认事实。在许多唯科学主义者看来，任何现代科学理论不能解释的现象，都是不可能真实存在的，或者是不能承认它们存在的。比如，对于UFO（**不明飞行物**），不管此类物体出现多少次，“主流科学共同体”的坚定立场是，智慧外星文明的飞行器飞临地球是不可能的，所有的UFO目击者看到的都是幻象；又如，对于所谓超能力，“主流科学共同体”发言人曾坚定表示，即使亲眼看见，“眼见也不能为实”，因为世界上有魔术存在，那些魔术都是观众亲眼所见，但它们都不是真实的。“主流科学共同体”为何要坚持如此僵硬的立场？因为只要承认有当代科学理论不能解释的事物存在，就意味着对当代科学至善至美、至高无上、无所不能的形象与地位的严峻挑战。

第二种，面对当代科学理论不能解释的事物，将所有对此类事物的探索讨论一概斥为“伪科学”，以此拒人于千里之外，以求保持当代科学的“纯洁”形象。这种态度很有“鸵鸟政策”的特点——对于这些神秘事物，你们去探索讨论好了，反正我们是不会参加的。

以上两种态度，最基本的共同点就是断然拒斥“怪力乱神”。“主流科学共同体”中的许多人相信，这种断然拒斥是为了“捍卫科学事业”，是对科学有利的。

至此，问题已经相当清楚：一个能够容忍怪力乱神的博物学传统，必然是一个宽容而且开放的传统；同时又是一个能够敬畏自然、懂得与自然和谐相处的传统。这样的传统至少可以在两方面成为当代唯科学主义的解毒剂。

首先，在这个传统中，对于知识的探求不会画地为牢，故步自封。事实上，即使站在科学主义立场上，我们也可以明显看出，断然拒斥怪力乱神实际上对于科学发展是有害的。

其次，也许是更为重要的，以敬畏自然、与自然和谐相处的理念，矫正当代唯科学主义理念带来的对于自然界疯狂征服、无情榨取的态度——这种态度与环境保护、绿色生活等理念皆有直接冲突。

当然，肯定中国文化中的博物学传统在当下的积极意义，并不等于盲目高估这一传统的历史成绩。应该承认，按照今天流行的标准，在以往历史中，这一传统在物质科学发展方面的贡献，不如西方科学的分析传统，但是未来情形又会如何，却是现在无法预测的。况且评价的标准也会随时代而改变，有朝一日这一传统或能发扬光大，我们自当乐观其成。

（本章执笔：胡晗博士）

◆ 左图：上海自然博物馆动物骨架标本

中外科学技术对照大事年表

（远古到 1911 年）

博物学

中　　外

约公元前 700 年

赫西俄德写成《工作与时日》，可视为希腊最早的农书与航海经商指南

公元前 4 世纪中后期

亚里士多德撰写《动物志》等著作，这些著作不仅包括后来属于博物学的动物描述、分类、生态等，也包括了后来归属于自然哲学的有关动物归类、排列的哲学思考

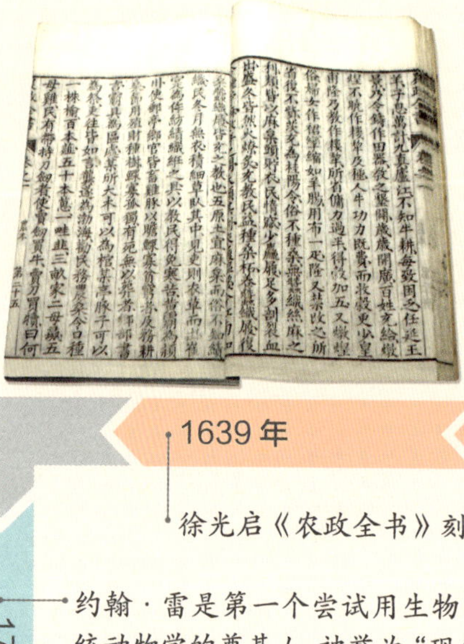

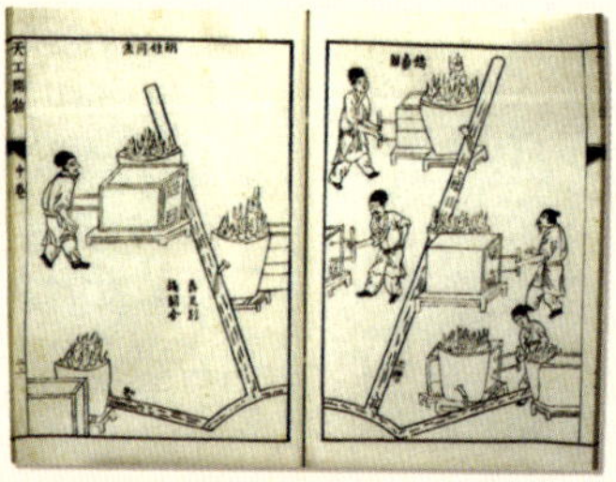

1637 年

宋应星《天工开物》初刊

1639 年

徐光启《农政全书》刻印

17 世纪后半叶

约翰·雷是第一个尝试用生物学定义物种概念的人，并是系统动物学的奠基人，被誉为“现代博物学之父”，代表性著作有：《英格兰植物目录》《植物新方法》和《植物史》（共三卷）

1735 年

林奈《自然系统》出版，提出以植物的生殖器官为据，归类到界、纲、目、属、种、变种的分类法，以拉丁文命名，第一次把 7000 多种植物简洁而优雅地分类，为植物学发展扫清了障碍

盖乌斯·普林尼·塞孔都斯，又称老普林尼，写成巨著《自然史》，包含天文知识、万国地理志、人的历史、动物学、植物学、动植物应用，特别是草药、金属与矿冶、绘画与颜色、石材与宝石，基本上是一部博物志

1 世纪中叶

张华编纂中国第一部博物学著作《博物志》。全书共十卷，分类记载了山川地理、飞禽走兽、人物传记、奇异的草木虫鱼以及奇特怪诞的神仙故事

3 世纪末

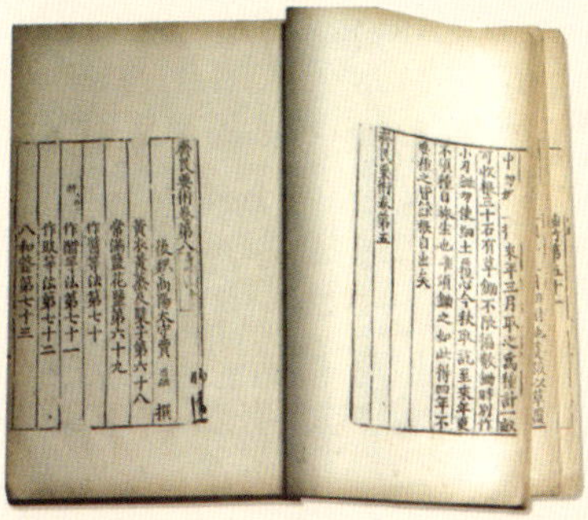

6 世纪初

贾思勰撰《齐民要术》，它是中国最古老、完整的大型综合性农书。全书征引古代及当代著作 160 种，系统总结了公元 6 世纪北方旱地农业科技知识。该书的出现标志着北方旱地精耕细作体系的成熟

11 世纪末

沈括《梦溪笔谈》成书，最早记载地磁偏角、活字印刷术和纸人共振实验

14 世纪初

中国农业技术史上第一部兼论南北、从全国范围总结农业生产经验的农书《王祯农书》成书

1749—1788 年

布封耗时近 40 年写就博物学巨著《自然史》，全书共三十六卷，包括地球史、人类史、动物史、鸟类史和矿物史等几大部分

1842 年

郑复光著《弗隐与知录》，把当时认为奇怪的各种现象归纳成二百余项，分别用物性、热学、光学等原理加以解释